从代数基本定理到超越数

一段经典数学的奇幻之旅

第二版

冯承天◎著

华东师范大学出版社・上海

图书在版编目(CIP)数据

从代数基本定理到超越数：一段经典数学的奇幻之旅/冯承天著.
—2版.—上海：华东师范大学出版社，2019
ISBN 978-7-5675-8737-3

Ⅰ.①从… Ⅱ.①冯… Ⅲ.①数学—普及读物
Ⅳ.①O1-49

中国版本图书馆CIP数据核字(2019)第019373号

从代数基本定理到超越数

——一段经典数学的奇幻之旅(第二版)

著　　者　冯承天
策划组稿　王　焰
项目编辑　王国红
审读编辑　陈　震
责任校对　王丽平
封面设计　卢晓红

出版发行　华东师范大学出版社
社　　址　上海市中山北路3663号　邮编200062
网　　址　www.ecnupress.com.cn
电　　话　021-60821666　行政传真021-62572105
客服电话　021-62865537　门市(邮购)电话021-62869887
地　　址　上海市中山北路3663号华东师范大学校内先锋路口
网　　店　http://hdsdcbs.tmall.com

印 刷 者　常熟市文化印刷有限公司
开　　本　787毫米×1092毫米　1/16
印　　张　11.5
字　　数　167千字
版　　次　2019年8月第2版
印　　次　2024年9月第4次
书　　号　ISBN 978-7-5675-8737-3
定　　价　42.00元

出 版 人　王　焰

献给热爱研读数学的朋友们

总　序

早在20世纪60年代，笔者为了学习物理科学，有幸接触了很多数学好书。比如：为了研读拉卡(G. Racah)的《群论和核谱》①，研读了弥永昌吉、杉浦光夫的《代数学》②；为了翻译卡密里(M. Carmeli)和马林(S. Malin)的《转动群和洛仑兹群表现论引论》③、密勒(W. Miller. Jr)的《对称性群及其应用》④及怀邦(B. G. Wybourne)的《典型群及其在物理学上的应用》⑤等，仔细研读了岩崛长庆的《李群论》⑥……

学习的过程中，我深深感到数学工具的重要性. 许多物理科学领域的概念和计算，均需要数学工具的支撑. 然而，很可惜：关于群的起源的读物很少，且大部分科普读物只有结论而无实质性内容，专业的伽罗瓦理论则更是令普通读者望文生畏进而却步；如今，时间已过去半个多世纪，我也年逾古稀，得抓紧时机提笔，同广大数学爱好者们重温、分享这些重要的数学知识，一起体验数学之美之乐.

深入浅出地阐明伽罗瓦理论是一个很好的切入点，不过，近世代数理论比较抽象，普通读者很难理解并入门. 这就要求写作者必须尽可能考虑普通读者的阅读基础，体会到初学者感到困难的地方，尽量讲清楚每一个数学推导的细节. 其实，群的概念正是从数学家对根式求解的探索中诞生的，于是，我想就从历史上数学家们对多项式方程的根式求解如何求索讲起，顺势引出群的概念，帮助读者了解不仅在物理学领域，而且在化学、晶体学等学科中的

---

① 梅向明译，高等教育出版社，1959.
② 熊全淹译，上海科学技术出版社，1962.
③ 栾德怀，张民生，冯承天译，华中工学院，1978.
④ 栾德怀，冯承天，张民生译，科学出版社，1981.
⑤ 冯承天，金元望，张民生，栾德怀译，科学出版社，1982.
⑥ 孙泽瀛译，上海科学技术出版社，1962.

应用也十分广泛的群论的起源.

2012 年,我的第一本——《从一元一次方程到伽罗瓦理论》出版. 从一元一次方程说起,一步步由浅入深、循序渐进,直至伽罗瓦——一位极年轻的天才数学家,详述他是如何初创群与域的数学概念,如何完美地得出一般多项式方程根式求解的判据. 图书付梓之后,承蒙读者抬爱,多次加印,这让笔者受到很大鼓舞.

于是,我写了第二本——《从求解多项式方程到阿贝尔不可能性定理——细说五次方程无求根公式》. 这本书的起点稍微高一些,需要读者具备高中数学的基础. 仍从多项式方程说起,但是,期望换一个角度,在"不用群论"的情况下,介绍数学家得出"一般五次多项式方程不可根式求解"结论(也即"阿贝尔不可能性定理")的过程. 在这本书里,我把初等数论、高等代数中的一些重要概念与理论串在一起详细介绍. 比如:为了更好地诠释阿贝尔理论,使之可读性更强一些,我用克罗内克定理来推导出阿贝尔不可能性定理等;为了向读者讲清楚克罗内克方法,引入了复共轭封闭域等新的概念,同时期望以一些不同的处理方法,对第一本书《从一元一次方程到伽罗瓦理论》所涉及的内容作进一步的阐述.

写作本书的过程中,我接触到一份重要的文献——H. Dörrie 的 *Triumph der Mathematik: hundert berühmte Probleme aus zwei Jahrtausenden mathematischer Kulture*, Physica-Verlag, Würzburg, Germany, 1958. 其中的一篇,论述了阿贝尔理论. 该书的最初版本为德文,而该文的内容则过于简略,已经晦涩难懂,加上中译本系在英译本的基础上译成,等于是在英译德的错误基础上又添了中译英的错误,这就使得该文成了实实在在的"天书". 在笔者的努力下,阿贝尔理论终于有了一份可读性较强的诠释. 衷心期望广大数学爱好者,除了学好数学,也多学一点外语,这样,碰到重要的文献,能够直接查询原版,读懂弄通,此为题外话.

写成以上两本之后,仍感觉需要进一步补充和提高,于是写了第三本——《从代数基本定理到超越数——一段经典数学的奇幻之旅》. 本书在写作方式上,继续沿用前两本的方式,从普通读者知晓的基本的代数知识出发,循序渐进地阐明数学史上的一系列重要课题,比如:数学家们如何证明代数基本定理,如何证明 π 和 e 是无理数,并继而证明它们是超越数,期望使读者在阅读本书的过程中,掌握多项式理论、域论、尺规作图理论等;也期望在这本书里,对第一本、第二本未讲清楚的地方继续进行补充.

借这三本书再版的机会，我对初版存在的印刷错误进行了修改，对正文的内容进行了补充与完善，使之可读性更强，力求自成体系.

另外，借“总序”作一个小小的新书预告. 关于本系列，笔者期望再补充两本：第四本是《从矢量到张量》，第五本是《从空间曲线到黎曼几何》. [①]笔者认为“矢量与张量”“空间曲线与黎曼几何”都是优美而且有重大应用的数学理论，都应该而且能够被简洁明了地介绍给广大数学爱好者。

衷心期望数学——这一在自然科学和人文科学中都有重大应用的工具，能得到更大程度的普及，期望借本系列出版的机会，与更多的数学、物理学工作者，数学、物理学爱好者，普通读者分享数学的知识、方法及学习数学的意义，期望大家学习数学的同时，能体会到数学之美，享受数学！

冯承天

2019 年 4 月 4 日

于上海师范大学

① 作者在新书撰写的过程中，已经将“黎曼几何”的内容纳入《从矢量到张量》一书，另一册新书中，对该内容不再赘述，书名修改为《从空间曲线到高斯-博内定理》；两册新书出版的顺序可能亦有变化. ——加印时出版者注

前言

学非探其花，要自拨其根.

——〔唐〕杜牧《留诲曹师等诗》

简略地说，本书讨论了“代数基本定理”、“圆周率 π 既是无理数又是超越数”，以及“自然对数的底 e 既是无理数又是超越数”这三大数学课题. 为此我们讨论了数系的扩张、复数的应用、解析函数的积分、多项式理论、扩域理论、代数数论，以及康托尔的对角线方法等. 当然，随之就有不少的“副产品”，如：对称多项式基本定理、代数元域、尺规作图，以及三大古典几何难题等.

代数基本定理——$n(>0)$ 次复系数多项式方程有 n 个复数根，是 1799 年高斯在他的博士论文中首次较严格地证明的. 高斯以后的数学家们用了 100 多种不同的方法证明了该定理，这足以说明该定理在代数学上的重要性. 在本书中，我们用三种不同的方法或阐明或证明了这一定理.

关于圆周率 π，我们应用了我国魏晋时数学家刘徽的光辉的割圆术思想证明了它是一个与圆半径无关的常数，然后先证明它是一个无理数，并最终证明了埃尔米特定理：π 是一个超越数.

对于自然对数的底 e，我们先从它的极限定义出发得出了有关它的一些重要公式及应用，接着再证明它是一个无理数，并最终证明了林德曼定理：e 是一个超越数.

为了能与广大数学爱好者一起学习这些重大定理，以及为了证明它们所必须研读的经典数学中的一些精彩内容，并与大家一起分享其中的数学之美，笔者撰写的这本书起点较低：从数系的扩张和运算谈起；把有关的多项式理论与域的理论尽量讲得详尽且深入浅出；书中包括许多实例和应用，可供读者消化、推敲和练习，而且尽力做到前呼后应. 为了克服论述这些专题的各种文献中的种种晦涩难懂、叙述过简与不清的毛病，我们用一种“详述”的方式，同时也尽量使本书在数学内容上自成体系.

不过，笔者还是在书后的参考文献中列出了自己在研读这些专题和撰写本书时读过的部分好书与文献，希望对那些想继续深入研究的读者有所帮助.

一系列的数学实践使笔者深信：一位有高中数学基础且掌握微积分初步概念的读者，只要勤于思考，一定能理解书中的这些在其他数学分支中也极有用的基础数学知识和定理，从而提高自己的数学修养；只要乐于思考，也就一定能掌握本书中所使用的数学方法，同时给自己带来数学之美的享受.

最后，感谢首都师范大学栾德怀教授的长期关心、教导和鞭策. 感谢上海师范大学数学系陈跃副教授，他推荐了许多参考资料，仔细审读了手稿，并提出了许多宝贵的意见和建议. 感谢华东师范大学出版社的王焰社长及各位编辑，他们为本书的出版给予极大的支持与帮助.

希望本书能成为广大数学爱好者学习和掌握上述课题的可读性较强的读物，也极希望得到大家的批评与指正.

2016 年 8 月于上海师范大学

内 容 简 介

本书共分六个部分，十四章，是论述代数基本定理以及证明“π与e是超越数”的一本入门读物，也是一段经典数学的奇幻之旅.

在第一部分中，从多项式方程的解和数系的扩张谈起，详述了有理数与循环小数，讨论了在黄金分割与黄金三角形，以及斐波那契数列中出现的无理数，由二元数的观点引入复数，最后阐明了代数基本定理的内容. 在第二部分中，用三种不同的方法说明或证明了代数基本定理，这就表明了复数域是代数闭域. 在第三部分中，从定义圆周率π以及自然对数的底e开始，最后严格地证明了它们是无理数. 在第四部分中，阐明了关于多项式的一些概念和理论，其中有贝祖等式、高斯引理、艾森斯坦不可约判据，以及对称多项式基本定理等，也详述了有关扩域的一些理论，包括代数元、代数元域，以及单代数扩域等. 在第五部分中，主要研究了代数扩域与有限扩域，并应用这些理论讨论了三大古典几何作图问题. 在第六部分中，阐述了康托尔的对角线法，并依此证明了超越数的存在，简洁地证明了刘维尔定理以及刘维尔数是超越数，进而严格地证明了e是超越数的埃尔米特定理，以及π是超越数的林德曼定理.

本书还有六个附录：附录1推导了斐波那契数列的通项公式——比奈公式；附录2讨论了一些函数的级数展开，从而最终阐明了正文中表示π的格雷戈里-莱布尼茨表达式；附录3叙述了古印度数学家马德哈瓦用正切函数的级数展开计算π的方法；附录4借助复数导出了π的另两个级数表示，这表明了数学内在的统一和优美；附录5对多项式基本定理中多项式$g(x_1, x_2, \cdots, x_n)$的唯一性给出了详尽的证明；附录6对正文中要用到的线性方程组的求解理论作出了简要的说明.

本书起点较低,叙述详尽,论证严格,举例丰富,前后呼应,数学内容自成体系,是一本深入浅出,既可供数学爱好者系统地学习和掌握新知识和方法,扩展视野,又能使他们欣赏到数学之美的可读性较强的读物.

目　录

第一部分　从求解多项式方程到代数基本定理

第二部分　代数基本定理的证明

第三部分 圆周率 π 和自然对数底 e,及其无理性

第四部分 有关多项式与扩域的一些理论

第五部分 代数扩域、有限扩域以及尺规作图

第六部分 π以及e是超越数

第一部分
从求解多项式方程到代数基本定理

在这一部分中，我们从自然数系与一元一次方程的求解讲起，讨论了数系的扩张：从自然数、整数、有理数、实数，一直到复数，而且讲述了代数基本定理，即复数系是代数封闭的.

对于有理数，我们详细地讨论了有理数与循环小数的关系，以及它与可公度线段概念的联系. 从黄金分割、黄金三角形、黄金矩形，以及斐波那契数列等方面，阐明了引进无理数的必要性. 我们从二元数的概念引入复数，这样就能使原来在实数系中无解的多项式方程有解了.

最后，我们在复数系的基础上引入了近代数学中有重要意义的域的概念.

第一章

从自然数系到有理数系

§1.1 自然数系与一元一次方程的求解

人类从计数物件之需得出了正整数系 $\mathbf{N}^* = \{1, 2, 3, \cdots\}$. 数字 0 由玛雅人在公元一世纪首先引入,而在 500 年以后古印度人使用了零. 这样,人们就有了自然数系 $\mathbf{N} = \{0, 1, 2, \cdots\}$. 在 $\mathbf{N}$ 中我们有加法(+) 运算,这指的是任意两个自然数的和,仍然是一个自然数,即对任意 $n_1, n_2 \in \mathbf{N}$,有 $n_1 + n_2 \in \mathbf{N}$. 我们把这一事实简称为 $\mathbf{N}$ 对加法运算是封闭的. 同样,在 $\mathbf{N}$ 中我们还有乘法(×) 运算. $\mathbf{N}$ 对乘法运算也是封闭的. 不过 $\mathbf{N}$ 对四则运算(+, −, ×, ÷) 中的减法(−) 运算和除法(÷) 运算而言,它就不再封闭了. 例如对 $3, 5 \in \mathbf{N}$,就有 $3 - 5 \notin \mathbf{N}$, $3 \div 5 \notin \mathbf{N}$. 所以为了使减法运算和除法运算也能封闭地进行,我们就必须扩充 $\mathbf{N}$,即把新的数添加到 $\mathbf{N}$ 中去,以形成更大的数系.

从解方程的角度来看,对于 $\mathbf{N}^*$ 上的一元一次方程

$$x + n = 0,\ n \in \mathbf{N}^* \tag{1.1}$$

而言,它的解$(-n)$就是一个负数. 所以为了使(1.1)的解仍封闭在所讨论的数系之中,我们就有必要把自然数系 $\mathbf{N}$ 扩张到整数系 $\mathbf{Z} = \{0, \pm 1, \pm 2, \cdots\}$.

接下来要考虑的是 $\mathbf{Z}$ 上的一元一次方程

$$px + q = 0,\ p, q \in \mathbf{Z},\ p \neq 0. \tag{1.2}$$

对于 $\mathbf{Z}$ 中的元 p、q,会产生下列两种情况: (i) p 能整除 q,记作 $p \mid q$,此时 $\frac{q}{p} \in \mathbf{Z}$; (ii) p 不能整除 q,记作 $p \nmid q$,此时 $\frac{q}{p} \notin \mathbf{Z}$. 因此(1.2)的解 $x = -\frac{q}{p}$ 就不一定是 $\mathbf{Z}$ 中的元了. 所以,为了使 $-\frac{q}{p}$ $(q, p \in \mathbf{Z}, p \neq 0)$ 也在所考虑的数系之中,我们

就得进一步把整数系 $\mathbf{Z}$ 扩张为有理数系 $\mathbf{Q}=\left\{\frac{q}{p} \mid q,\ p\in\mathbf{Z},\ p\neq 0\right\}$. 这样一来,$\mathbf{Q}$ 上的任意一元一次方程都可以解了.

§1.2 有理数与循环小数

设 $a\in\mathbf{Q}$,则 $a=\frac{q}{p}$, $q,\ p\in\mathbf{Z}$, $p\neq 0$. 考虑 $p\nmid q$ 这一情况,此时用 p 去除 q,则会产生两种情况:(i)若长除法至某一步时得出了为零的余数,则 $\frac{q}{p}$ 是一个有限小数;(ii)若长除法能无限地进行下去,此时因为每次得出的余数都小于 p,而 p 是一个有限数,因此余数必会循环地出现. 所以此时 $\frac{q}{p}$ 应是一个无限循环小数.

例 1.2.1 循环小数 $0.\dot{3}\dot{7}$ 的分数形式.

设 $x=0.\dot{3}\dot{7}=0.373737\cdots$,则 $100x=37.3737\cdots=37+x$. 于是有 $99x=37$,即 $x=\frac{37}{99}$.

例 1.2.2 $6.4\dot{3}\dot{7}$ 的分数形式.

$$6.4\dot{3}\dot{7}=6+\frac{4}{10}+\frac{0.\dot{3}\dot{7}}{10}=6+\frac{4}{10}+\frac{37}{990}=6\,\frac{433}{990}.$$

由上述两例可知,对于任意循环小数,我们都可将其表达为 $\frac{q}{p}$ 的形式,其中 $q,\ p\in\mathbf{Z},\ p\neq 0$. 因此,我们可以说: 有理数或是整数,或是有限小数,或是无限循环小数.

例 1.2.3 $\frac{1}{109}$ 是一个有理数. 它有一个长达 108 个数字构成的循环节(参见[18]§1.22).

例 1.2.4 构造数 $\xi=\sum_{n=1}^{\infty}10^{-n!}=\frac{1}{10}+\frac{1}{100}+\frac{1}{10^6}+\cdots$ 这是一个无限不循环小数,因此 $\xi\notin\mathbf{Q}$. ξ 称为刘维尔数,我们将证明它是一个超越数(参见§13.10).

§1.3　可公度线段

对于古希腊人来说,他们认为几何是整个数学,而毕达哥拉斯学派的信徒们一直就认为只有整数以及它们的比值才能描述任何的几何对象. 这也就是说,他们认为的数就只是有理数,而这一点又与下面的可公度这一概念密切相关.

定义 1.3.1　对于线段 a、b,若存在线段 d,使得 $a = qd$, $b = pd$, 其中 q, $p \in \mathbf{N}^*$,则称线段 a 和 b 是可公度的. d 称为它们的一个公度.

也就是说此时存在线段 d,使得 a 是 d 的整数 q 倍,以及 b 是 d 的整数 p 倍. 于是此时线段 a 的长度与线段 b 的长度之比就是有理数 $\frac{q}{p}$.

那么有没有不可公度的线段呢? 还有,例 1.2.4 中的刘维尔数不是有理数,那它又是什么数呢?

第二章

无理数与实数系

§2.1　无理数和不可公度线段

引入了有理数系后，$\mathbf{Q}$ 上的一元一次方程在 $\mathbf{Q}$ 中都可解了. 不过，对于 $\mathbf{Q}$ 上的一元二次方程是不是也是这样呢？

事实上，我们知道 $x^2-2=0$ 这一方程的根是 $\pm\sqrt{2}$，而它们就不是有理数了，即我们不能把 $\sqrt{2}$ 表示为 $\frac{q}{p}$，q，$p\in\mathbf{Z}$，$p\neq 0$ 的形式.

解 $x^2-2=0$，在几何上相当于用勾股定理去求单位边长的正方形的对角线之长(图 2.1.1). 下面我们用反证法证明线段 AB 与线段 AC 是不可公度的.

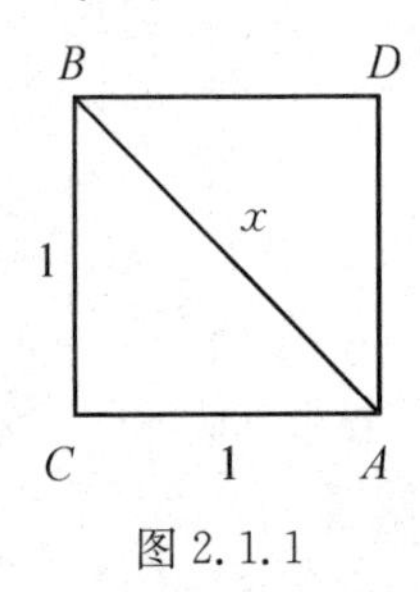

图 2.1.1

假设 $AB=\sqrt{2}$ 与 $AC=1$ 是可公度的，于是存在公度 d，以及 q，$p\in\mathbf{Z}$，使得 $\sqrt{2}=qd$，$1=pd$. 因此 $\frac{\sqrt{2}}{1}=\frac{qd}{pd}=\frac{q}{p}$，这样 $\sqrt{2}=\frac{q}{p}$ 就是有理数了.

不过，我们知道，若 $\sqrt{2}=\frac{q}{p}$，其中不失一般性可假定 q 与 p 是互素的，则有 $q^2=2p^2$. 从而 q 是偶数，即有 $q=2k$，$k\in\mathbf{N}^*$. 代入上式即有 $4k^2=2p^2$，或 $2k^2=p^2$，因此 p 也是偶数. 这就与"q 与 p 是互素"矛盾. 所以，我们得出 $\sqrt{2}$ 不能表示为 $\frac{q}{p}$，其中 q，$p\in\mathbf{N}^*$.

由此毕达哥拉斯学派坚持认为 $\sqrt{2}$ 不是数——$\sqrt{2}$ 不存在. 然而，它确实表示了单位边长的正方形的对角线之长这一客观存在. 这就产生了数学史上的第一次数学危机. 众所周知，随着人们引入并认识了无理数以及实数系 $\mathbf{R}$ 以后，一切都迎刃而解了.

例 2.1.1　数 1，4，9，16，…称为(完全)平方数，数 2，3，5，7，…称为

非(完全)平方数. 类似于使用证明$\sqrt{2}$是无理数的方法，我们同样可以证明：当m是非(完全)平方数时，$\sqrt{m}$是无理数(参见[16]§13.1).

例 2.1.2　证明 $\log_{10}2$ 是无理数.

设 $\log_{10}2=\dfrac{q}{p}$，q，$p\in\mathbf{N}^*$，则有 $10^{\frac{q}{p}}=2$，因此 $10^q=2^p$.

于是 $2^q\cdot 5^q=2^p$，由此可得 $q=0$，$p=0$，矛盾.

例 2.1.3　证明下述定理：存在两个无理数 a、b，使得 $a^b\in\mathbf{Q}$.

取 $a=b=\sqrt{2}$，而考虑 $c=\sqrt{2}^{\sqrt{2}}$. 此时 $c\in\mathbf{Q}$，或 $c\notin\mathbf{Q}$. 若 $c\in\mathbf{Q}$，定理得证；若 $c\notin\mathbf{Q}$，即 c 是无理数，那么从 $c^{\sqrt{2}}=(\sqrt{2}^{\sqrt{2}})^{\sqrt{2}}=(\sqrt{2})^2=2\in\mathbf{Q}$，定理也得证. 事实上 $c=\sqrt{2}^{\sqrt{2}}$ 是无理数，且是超越数(参见例 14.8.1).

据说毕达哥拉斯学派是由$\sqrt{5}$，而不是$\sqrt{2}$，发现无理数的，因为$\sqrt{5}$出现在黄金分割以及黄金三角形等中.

§2.2　黄金分割与黄金三角形

黄金分割指的是将一单位长度 1 分为两部分，而使其中较大部分与 1 的比值等于较小部分与较大部分的比值.

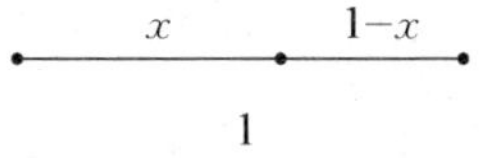

x　　$1-x$

1

图 2.2.1

由图 2.2.1 可知，此时由 $x:1=(1-x):x$，即有

$$x^2+x-1=0. \tag{2.1}$$

它的两个根为

$$\varphi=\frac{\sqrt{5}-1}{2}\approx 0.618,\quad \lambda=\frac{-\sqrt{5}-1}{2}. \tag{2.2}$$

我们把其中的 $\varphi=\dfrac{\sqrt{5}-1}{2}$ 称为**黄金分割比**，其中有无理数$\sqrt{5}$. 利用根和系数的关系，容易得到

$$\varphi+\lambda=-1,\quad \varphi\cdot\lambda=-1. \tag{2.3}$$

黄金三角形指的是图 2.2.2 所示的底角为 72°的等腰三角形 ABC. 由 $\triangle ABC \backsim \triangle BCD$,有 $x:1=(1-x):x$, 此即(2.1). 所以 $x=\dfrac{\sqrt{5}-1}{2}$.

换一种方法,我们从 Rt$\triangle ABD$ 中,可得出 $\dfrac{x}{2}=\sin 18^\circ$,为了计算 $\sin 18^\circ$,我们从$\cos 54^\circ=\sin 36^\circ$,利用二倍角与三倍角公式(参见例 8.2.3) 不难推得 $\sin 18^\circ=\dfrac{\sqrt{5}-1}{4}$. 因此,同样有 $x=\dfrac{\sqrt{5}-1}{2}=\varphi$, 其中也出现了$\sqrt{5}$.

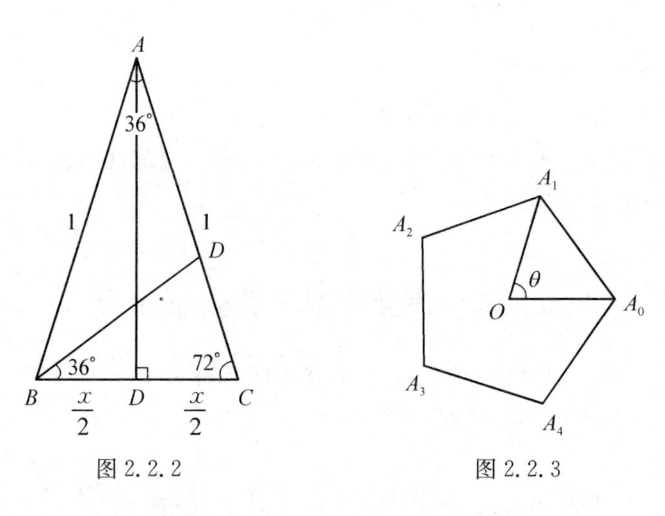

图 2.2.2　　图 2.2.3

例 2.2.1　正五边形的作图.

在单位圆中要作出内接正五边形,就要作出该图上的五个均匀分布的点,也即图 2.2.3 中的 θ 角. $\theta=\dfrac{360^\circ}{5}=72^\circ$, 而 $\cos 72^\circ=\sin 18^\circ=\dfrac{\sqrt{5}-1}{4}$. $\sqrt{5}$ 是可尺规作图的(参见 § 12.7). 因此正五边形或正五角星可用尺规作出.

§ 2.3　黄金矩形

我们把 § 2.2 中描述的黄金分割稍微改变一下:按图 2.3.1 把线段长度

1　　$\tau-1$

图 2.3.1

取为 τ,而按黄金分割作出的 τ 的较长部分取定为单位长 1. 我们按 $1:\tau=(\tau-1):1$ 来求 τ. 从这一比例式,有

$$\tau^2-\tau-1=0, \tag{2.4}$$

因此

$$\tau=\frac{\sqrt{5}+1}{2} \tag{2.5}$$

是方程 $x^2-x-1=0$ 的根. 这一方程的另一根记为 σ,有

$$\sigma=\frac{1-\sqrt{5}}{2}. \tag{2.6}$$

利用根和系数的关系,可得

$$\begin{aligned}\tau+\sigma&=1,\\ \tau\cdot\sigma&=-1.\end{aligned} \tag{2.7}$$

τ、σ 与 §2.2 中的 φ 和 λ 的关系如下:

$$\tau=-\lambda,\ \tau=\varphi+1. \tag{2.8}$$

因此 $\tau=\varphi+1\approx0.618+1=1.618$, 称为黄金分割数. 公元前 432 年竣工的古希腊帕台农神庙,其正面轮廓的高与宽的比就接近 $1:\tau$——这样就形成了一个黄金矩形,看上去是最为优美的.

利用这个黄金矩形,我们再从几何上来说明 1 与 τ 是无公度的.

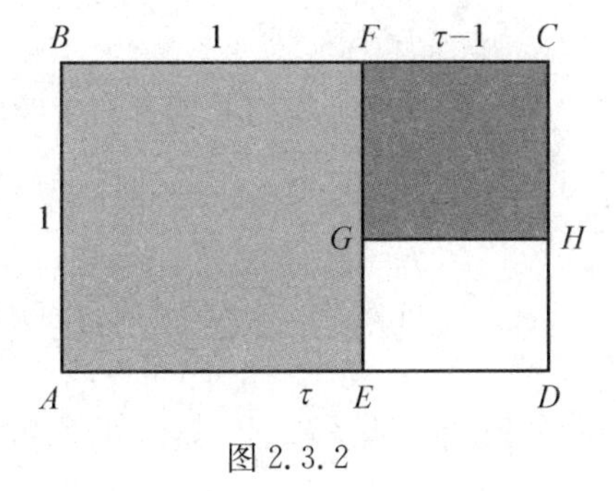

图 2.3.2

按图 2.3.2,求 τ 与 1 的公度归结为求 1 与 $\tau-1$ 的公度. 但 $\dfrac{BC}{AB}=\dfrac{DC}{CF}=\tau$, 因此矩形 $ABCD$ 与矩形 $CDEF$ 相似. 所以矩形 $CDEF$ 也是一个黄金矩形.

在矩形 $CDEF$ 中求 1 与 $\tau-1$ 的公度,又归结为在黄金矩形 $HGED$ 中求 $\tau-1$ 与 HD 的公度,……这个过程一直得进行下去,永无止境. 因此,τ 与 1 是无公度的.

§2.4 兔子繁殖与黄金分割

1202 年,意大利数学家斐波那契(Leonardo Fibonacci,约 1175—约 1250)完成了他的名著《算盘书》,其中最有名的问题是:开始时只有一对兔子,而每对兔子每个月都生育一对新兔子.不过每对新兔子要从第二个月才开始有生育能力,那么一年后会生育出多少对兔子?

读者不难排出每个月的成年兔子对数(参见[18]§1.18):1,1,2,3,5,8,13,…,即有名的斐波那契数列.

利用上一节引入的黄金分割数 τ,以及由(2.4)给出的 $\tau^2=\tau+1$,我们不难得出

$$
\begin{aligned}
\tau &= \tau,\\
\tau^2 &= \tau+1,\\
\tau^3 &= 2\tau+1,\\
\tau^4 &= 3\tau+2,\\
\tau^5 &= 5\tau+3,\\
\tau^6 &= 8\tau+5,\\
\tau^7 &= 13\tau+8,\\
&\cdots\cdots
\end{aligned}
\tag{2.9}
$$

例如,其中的 $\tau^5=\tau^4\cdot\tau=(3\tau+2)\tau=3\tau^2+2\tau=3(\tau+1)+2\tau=5\tau+3.$

在(2.9)中,我们看到有两个斐波那契数列出现了,兔子的繁殖问题竟然与黄金分割数 τ 有关连,从而又与无理数 $\sqrt{5}$ 相联系!

§2.5 斐波那契数列的通项公式——比奈公式

设斐波那契数列的第 n 项为 F_n,则有

$$F_1=F_2=1. \tag{2.10}$$

再者,考虑到第 n 个月初,在兔房中的兔子可分为两类:一类是第 $n-1$ 个月初已在兔房中的兔子,共有 F_{n-1} 对;另一类是第 $n-1$ 个月初新出生的小兔子,它们由 F_{n-2} 对老兔子所生,因此有

$$F_n = F_{n-1} + F_{n-2},\ n \geqslant 3. \tag{2.11}$$

(2.10)和(2.11)构成了斐波那契数列的递推关系.由此可以推出下列定理(参见附录1)：

定理 2.5.1(比奈公式)　斐波那契数列的通项是

$$F_n = \frac{1}{\sqrt{5}}(\tau^n - \sigma^n). \tag{2.12}$$

作为一个练习,我们来验证一下：

$$F_1 = \frac{1}{\sqrt{5}}\left(\frac{\sqrt{5}+1}{2} - \frac{1-\sqrt{5}}{2}\right) = 1,$$

$$F_2 = \frac{1}{\sqrt{5}}(\tau^2 - \sigma^2) = \frac{1}{\sqrt{5}}(\tau + 1 - \sigma - 1) = \frac{1}{\sqrt{5}}(\tau - \sigma) = 1,$$

其中我们用到了 $\tau^2 = \tau + 1$,以及 $\sigma^2 = \sigma + 1$.

对于 $F_{n-1} + F_{n-2}$,可如下计算：

$$\begin{aligned} F_{n-1} + F_{n-2} &= \frac{1}{\sqrt{5}}(\tau^{n-1} - \sigma^{n-1}) + \frac{1}{\sqrt{5}}(\tau^{n-2} - \tau^{\sigma-2}) \\ &= \frac{1}{\sqrt{5}}(\tau^{n-1} + \tau^{n-2}) - \frac{1}{\sqrt{5}}(\sigma^{n-1} + \sigma^{n-2}) \\ &= \frac{1}{\sqrt{5}}\tau^{n-2}(\tau + 1) - \frac{1}{\sqrt{5}}\sigma^{n-2}(\sigma + 1) \\ &= \frac{1}{\sqrt{5}}\tau^n - \frac{1}{\sqrt{5}}\sigma^n = F_n. \end{aligned}$$

F_n 称为斐波那契数,在其中出现了无理数,但是对所有的 $n = 1, 2, \cdots$, $F_n = \frac{1}{\sqrt{5}}(\tau^n - \sigma^n)$ 都给出了正整数值的斐波那契数.

法国数学家比奈(Jacques Philippe Marie Binet, 1786—1856)在1843年导出了比奈公式.实际上,法国-英国数学家棣莫弗(Abraham de Moivre, 1667—1754)在1718年就知道这一公式了.此外瑞士数学家尼古拉二世·贝努利(Nicolaus Ⅱ Bernoulli, 1687—1759)在1728年,以及瑞士数学家欧拉(Leonhard Euler, 1707—1783)在1765年,都已经知道这一公式了.

令人称奇的是,讨论兔子繁殖的斐波那契数列在几何学、数论、概率论、代数学、物理学、计算机学科等领域都有应用，以致美国数学学会从 1963 年开始每三个月出版一本名为《斐波那契数列季刊》的杂志，刊登有关的成果. 有兴趣的读者能在本书末所附的参考文献[24]中找到更多有趣的结果.

我们看到人们为了解决种种实际问题而引入了无理数. 有理数与无理数总称为实数，而且用 **R** 来表示实数系. 实数之所以称为“实”是因为后来根据需要还必须再引入新的数——“虚数”，这是我们下一章要讨论的内容之一.

第三章

复数系与代数基本定理

§3.1　二元数与复数系

对于实数系 $\mathbf{R}$ 上的方程 $x^2+1=0$，在 $\mathbf{R}$ 上显然是无解的，这是因为任意实数的平方总是大于或等于零. 于是为了使这个方程有解，我们又得继续扩张 $\mathbf{R}$ 了.

注意到 $\mathbf{R}$ 与实数轴之间的一一对应关系，我们就想到要用平面上的全部点来表示新的数系. 为此，我们在 $\mathbf{R}$ 的基础上构造二元数集合

$$\mathbf{C}=\{\alpha=(a,\ b)\mid a,\ b\in\mathbf{R}\}. \tag{3.1}$$

在 $\mathbf{C}$ 中我们如下地定义 $(a,\ b)$，$(c,\ d)$ 之间的运算：

(i) 加法 $(a,\ b)+(c,\ d)=(a+c,\ b+d)$；

(ii) 减法 $(a,\ b)-(c,\ d)=(a,\ b)+(-c,\ -d)=(a-c,\ b-d)$；

(iii) 乘法 $(a,\ b)\cdot(c,\ d)=(ac-bd,\ bc+ad)$；

(iv) 除法 $(a,\ b)\div(c,\ d)=(a,\ b)\cdot\left(\dfrac{c}{c^2+d^2},\ \dfrac{-d}{c^2+d^2}\right)$

$$=\left(\frac{ac+bd}{c^2+d^2},\ \frac{bc-ad}{c^2+d^2}\right),\ (c,\ d)\neq(0,\ 0).$$

由此可见 $\mathbf{C}$ 在上述"$+$"，"$-$"，"$\times$"，"$\div$"运算下呈封闭的. 我们把 $\mathbf{C}$ 称为复数系.

$\mathbf{C}$ 中存在一些特殊的元：

(i) 元 $(0,\ 0)$，它对任意 $(a,\ b)\in\mathbf{C}$，有 $(a+b)+(0,\ 0)=(a,\ b)$. 为此我们把 $(0,\ 0)$ 称为 $\mathbf{C}$ 的加法零元.

(ii) 元 $(1,\ 0)\in\mathbf{C}$，它对任意 $(a,\ b)\in\mathbf{C}$，有 $(a,\ b)\cdot(1,\ 0)=(a,\ b)$，为此我们把 $(1,\ 0)$ 称为 $\mathbf{C}$ 的乘法单位元.

(iii) 对任意 $(a,\ b)\in\mathbf{C}$，$(a,\ b)\neq(0,\ 0)$，则存在 $\left(\dfrac{a}{a^2+b^2},\ \dfrac{-b}{a^2+b^2}\right)\in\mathbf{C}$，

使得$(a, b)\cdot\left(\frac{a}{a^2+b^2}, \frac{-b}{a^2+b^2}\right)=(1, 0)$，为此我们把$\left(\frac{a}{a^2+b^2}, \frac{-b}{a^2+b^2}\right)$称为$(a, b)$的逆元.

利用二元数这一概念，方程 $x^2+1=0$，应改写成

$$(x_1, x_2)^2+(1, 0)=(0, 0). \tag{3.2}$$

不难验证 $(x_1, x_2)=(0, 1)$ 是这一方程的解.

此外，引入符号 i，使得

$$(a, b)=a+b\mathrm{i}. \tag{3.3}$$

且

$$\begin{aligned}(a, 0)&=a+0\mathrm{i}=a\in\mathbf{R},\\(0, b)&=0+b\mathrm{i}=b\mathrm{i}\in\mathrm{i}\mathbf{R}.\end{aligned} \tag{3.4}$$

这样就有

$$(0, 1)=\mathrm{i}, \mathrm{i}^2=(0, 1)\cdot(0, 1)=(-1, 0)=-1. \tag{3.5}$$

可见 $\mathrm{i}=(0, 1)$ 就是通常的虚数单位，而 $\alpha=(a, b)=a+b\mathrm{i}$ 就是复数的通常表示. 对于 $\alpha=a+b\mathrm{i}$, $b\neq 0$，今后用 $\bar{\alpha}=a-b\mathrm{i}$ 表示与 α 复共轭的(共轭)复数.

§ 3.2 数域的概念

至此，我们已由自然数系 **N**，经由整数系 **Z**，有理数系 **Q**，以及实数系 **R** 扩张到了复数系 **C**. 它们除了是数集，在四则运算下，其中 **Q**、**R**、**C** 还构成一种特别的代数系——数域.

定义 3.2.1 数系 F 称为是一个(数)域，如果 F 至少有两个元素，且满足

1. 有"+"法运算，对此下列运算性质成立：

(i) 对任意 $a, b\in F$，有 $a+b\in F$；("+"法运算的封闭性)

(ii) 对任意 $a, b, c\in F$，有 $(a+b)+c=a+(b+c)$；("+"法运算的结合律)

(iii) 对任意 $a, b\in F$，有 $a+b=b+a$；("+"法运算的交换律)

(iv) 存在数字 0，它对任意 $a\in F$，有 $a+0=0+a=a$；("+"法运算有零元)

(v) 对任意 $a\in F$,存在 $-a\in F$,有 $a+(-a)=(-a)+a=0$.(任意数对于“+”法运算有负元)

2. 有“×”法运算,对此下列运算性质成立:

(i) 对任意 $a, b\in F$,有 $a\cdot b\in F$;(“×”法运算的封闭性)

(ii) 对任意 $a, b, c\in F$,有 $(a\cdot b)\cdot c=a\cdot(b\cdot c)$;(“×”法运算的结合律)

(iii) 对任意 $a, b\in F$,有 $a\cdot b=b\cdot a$;(“×”法运算的交换律)

(iv) 存在数字 1,它对任意 $a\in F$,有 $1\cdot a=a\cdot 1=a$;(“×”法运算有单位元)

(v) 对任意 $a\in F$, $a\neq 0$,存在 $a^{-1}\in F$,有 $a\cdot a^{-1}=a^{-1}\cdot a=1$.(任意不为 0 的数,对于“×”法运算有逆元)

3. 对“+”法与“×”法运算有下列分配律:

即对任意 $a, b, c\in F$,有

(i) $(a+b)\cdot c=a\cdot c+b\cdot c$;(“+”法和“×”法运算的右分配律)

(ii) $c\cdot(a+b)=c\cdot a+c\cdot b$.(“+”法和“×”法运算的左分配律)

利用 F 中数 b,有负元 $-b\in F$,我们在 F 中引入减法运算:“−”:对任意 $a, b\in F$,定义:$a-b=a+(-b)$.

利用 F 中数 $b(\neq 0)$,有逆元 $b^{-1}\in F$,我们在 F 中引入除法运算“÷”:对任意元 $a, b\in F$, $b\neq 0$,定义:$\frac{a}{b}=a\cdot b^{-1}$.

综上所述,我们可以把 F 中的这些运算及其运算法则简单地称为:在域 F 中,“+”,“−”,“×”,“÷”,这四种运算(四则运算)可以如常地进行.

例 3.2.1　**N** 不是域,例如 2 的负元 $-2\notin\mathbf{N}$. **Z** 也不是域,例如 2 的逆元 $\frac{1}{2}\notin\mathbf{Z}$.

例 3.2.2　容易得出 **Q**、**R**、**C** 都是域,我们分别把它们称为有理数域,实数域,以及复数域.

例 3.2.3　证明 $\mathbf{Q}(\sqrt{5})=\{a+b\sqrt{5}\mid a, b\in\mathbf{Q}\}$ 是域.

由于 $\mathbf{Q}\subset\mathbf{Q}(\sqrt{5})$,因此 $0, 1\in\mathbf{Q}(\sqrt{5})$,又因为 $\mathbf{Q}(\sqrt{5})\subset\mathbf{C}$,而 **C** 是域,因此 $\mathbf{Q}(\sqrt{5})$ 中的元一定满足分别对“+”,“×”的结合律,交换律,以及对两者的分配律.因此要证明 $\mathbf{Q}(\sqrt{5})$ 是域,只需要证明 $\mathbf{Q}(\sqrt{5})$ 在“+”与“×”下的封闭性,以及存在加法的负元,以及乘法的逆元即可.从 $(a+b\sqrt{5})+(c+d\sqrt{5})=(a+c)+(b+d)\sqrt{5}$,以

及$(a+b\sqrt{5})(c+d\sqrt{5})=(ac+5bd)+(cb+ad)\sqrt{5}$,封闭性就证明了.最后从对$a+b\sqrt{5}$,有$-a-b\sqrt{5}$满足$(a+b\sqrt{5})+(-a-b\sqrt{5})=0$,即$a+b\sqrt{5}$有负元$-a-b\sqrt{5}$.而对$a+b\sqrt{5}\neq 0$,有$\frac{1}{a+b\sqrt{5}}=\frac{a-b\sqrt{5}}{a^2-5b^2}\in \mathbf{Q}(\sqrt{5})$,其中$a^2-5b^2\neq 0$,否则的话从$5=\frac{a^2}{b^2}$,有$\sqrt{5}=\frac{|a|}{|b|}\in \mathbf{Q}$,这与$\sqrt{5}$是无理数矛盾(参见§10.1).这就证明了$a+b\sqrt{5}$有逆元$\frac{a-b\sqrt{5}}{a^2-5b^2}$.我们最后的结论:$\mathbf{Q}(\sqrt{5})$是域.

今后我们把整数系$\mathbf{Z}$,以及任意(数)域统称为**数系**,用记号S表示.

§3.3 代数基本定理

有了复数域$\mathbf{C}$,我们就来考虑$\mathbf{C}$上的一元多项式

$$f(x)=a_nx^n+a_{n-1}x^{n-1}+\cdots+a_1x+a_0,\ a_0,\ a_1,\ \cdots,\ a_n\in\mathbf{C}, \tag{3.6}$$

今后我们就用符号$S[x]$表示S上的一元多项式全体.因此,上述$f(x)\in\mathbf{C}[x]$.一般地,对于$f(x)\in S[x]$,

$$f(x)=a_nx^n+a_{n-1}x^n+\cdots+a_1x+a_0,\ a_0,\ a_1,\ \cdots,\ a_n\in S. \tag{3.7}$$

我们引入下述术语:当$a_n\neq 0$, $n>0$; $a_0\neq 0$, $n=0$时,称$f(x)$是**n次**的(参见§9.1),记为$\deg f(x)=n$; a_n为$f(x)$的**首项系数**,若$a_n=1$,则称$f(x)$是**首1**的;若数$\alpha\in\mathbf{C}$满足$f(\alpha)=0$,则称α是多项式$f(x)$(或多项式方程$f(x)=0$)的一个**根**.

我们下面就来讨论$f(x)\in\mathbf{C}[x]$.为了表示$f(x)$的根可以是任意复数,我们将其变量改为z,即讨论

$$f(z)=a_nz^n+a_{n-1}z^{n-1}+\cdots+a_1z+a_0=0, \tag{3.8}$$

其中a_0, a_1, $\cdots$, $a_n\in\mathbf{C}$.我们除了假定首项系数$a_n\neq 0$外,还假定$a_0\neq 0$,因为若$a_0=0$,则$z=0$显然是$f(z)$的一个根,而$f(z)$有零根,这是一个浅显的情况.再者,因为$a_n\neq 0$,则$g(z)=\frac{1}{a_n}f(z)$是一个首1的多项式,且$f(z)$与$g(z)$同解.所以,就求根而言,不失一般性,我们可以考虑首1的多项式.于是,我们就有这样的问题:对于$\mathbf{C}$上的上述一般的n次首1的多项式$f(z)$, $f(z)$

是否有复数根？是否要再将复数域 $\mathbf{C}$ 扩张才能保证 $f(z)$ 有根？还有，这个 n 次方程一共有多少个根？

对此，我们有

定理 3.3.1(代数基本定理)　$n(n>0)$ 次一元多项式方程

$$z^n + a_{n-1}z^{n-1} + \cdots + a_1 z + a_0 = 0,\ a_i \in \mathbf{C},\ i = 0, 1, \cdots, n-1 \tag{3.9}$$

至少有一个复根.

早在 1629 年，法国-荷兰数学家吉拉尔(Albert Girard, 1595—1632)就推测 n 次复系数多项式方程有 n 个复数根. 1746 年，法国数学家达朗贝尔(Jean Le Rond d'Alembert, 1717—1783)首先提出了代数基本定理，他给出了一个不完整的证明. 随后在 1799 年，德国数学家高斯(Johann Carl Friedrich Gauss, 1777—1855)在他的博士论文《任意单变量的整有理代数函数都可分解为一次或二次实因式的一个新证明》中就实系数的多项式首次较严格地证明了这一定理. 虽从近代眼光来看，他当时的证明还有缺陷，不过就其性质而言，这仅是拓扑上的一些缺陷，而在高斯的那个时代，这并不算什么问题. 后来高斯又给出了三个不同的证明. 其中最后一个证明是在 1849 年给出的. 这一证明发表在他最后的一篇论文中，离他撰写博士论文时已整整过去五十年了. 高斯之后，数学家们用了一百多种不同的方法证明了该定理. 这一方面说明了这一定理的重要性，而另一方面也极其突出地表明了数学内在的基本统一性. 为了使读者能欣赏到这一重要定理的丰富内涵，我们将在本书的第二部分中，从三个角度去阐明和证明这一定理.

例 3.3.1　证明实系数多项式的复根是成对出现的.

设 $f(x) \in \mathbf{R}[x]$，且 $\alpha = a + bi (b \neq 0)$ 是 $f(x)$ 的一个根，即 $f(\alpha) = 0$. 于是从 $a_n\alpha^n + a_{n-1}\alpha^{n-1} + \cdots + a_1\alpha + a_0 = 0$，有 $\bar{a}_n\bar{\alpha}^n + \bar{a}_{n-1}\bar{\alpha}^{n-1} + \cdots + \bar{a}_1\bar{\alpha} + \bar{a}_0 = 0$. 但 $\bar{a}_i = a_i$, $i = 0, 1, \cdots, n$. 因此，$a_n\bar{\alpha}^n + a_{n-1}\bar{\alpha}^{n-1} + \cdots + a_1\bar{\alpha} + a_0 = 0$，即 $f(\bar{\alpha}) = 0$. 而 $\alpha = a + bi$ 与 $\bar{\alpha} = a - bi$ 互为共轭复数，它们同时为 $f(x) \in \mathbf{R}[x]$ 的根.

§3.4　复数域是代数闭域

由上述的代数基本定理，可知

$$\begin{gathered} p(z) = z^n + c_{n-1}z^{n-1} + \cdots + c_1 z + c_0, \\ c_0, c_1, \cdots, c_{n-1} \in \mathbf{C},\ c_0 \neq 0 \end{gathered} \tag{3.10}$$

至少有一个根 $\alpha_1 \in \mathbf{C}$. 我们由此计算 $\frac{p(z)}{z-\alpha_1}$，那么就能得出一个 $n-1$ 次的商式 $q(z) \in \mathbf{C}[x]$，以及一个余数 r，满足

$$p(z) = q(z)(z-\alpha_1) + r. \tag{3.11}$$

这是变量 z 的一个恒等式. 在(3.11)中令 $z = \alpha_1$，则从 $p(\alpha_1) = 0$，得出 $r = 0$. 因此，有

$$p(z) = q(z)(z-\alpha_1). \tag{3.12}$$

对于 $n-1$ 次的 $q(z)$ 我们继续用代数基本定理，并重复上述推理，则可得出

$$q(z) = s(z)(z-\alpha_2). \tag{3.13}$$

这里 α_2 是 $q(z)$ 的一个根，由(3.12)它也是 $p(z)$ 的一个根，以此类推，我们就可以把代数基本定理进一步表述为：

定理 3.4.1(代数基本定理) 每一个 n 次复系数多项式 $p(z) \in \mathbf{C}[x]$ 在 $\mathbf{C}$ 中有 n 个根 $\alpha_1, \alpha_2, \cdots, \alpha_n$，且

$$p(z) = (z-\alpha_1)(z-\alpha_2)\cdots(z-\alpha_n). \tag{3.14}$$

(3.14)告诉我们任意复系数多项式 $p(z)$ 在 $\mathbf{C}$ 上都能分解为一次因式的乘积.

另外，复系数多项式的根仍是复数，所以如果我们在复数域的框架中来求解多项式方程，那么我们就不必再对复数域 $\mathbf{C}$ 扩张了. 为此我们把复数域称为代数闭域.

例 3.4.1 求解 $x^5 - 1 = 0$.

$\deg(x^5-1) = 5$，因此有 5 个根，$x = 1$ 是一个根. 因此 $x^5 - 1 = (x-1)g(x)$. 不难得出 $g(x) = x^4 + x^3 + x^2 + x + 1$. 令 $t = x + x^{-1}$，则 $t^2 = x^2 + x^{-2} + 2$. 由 $g(x)$ 的 0 次项为 1，所以 $x = 0$ 不是 $g(x)$ 的根. 由 $g(x) = x^2(x^2 + x + 1 + x^{-1} + x^{-2}) = x^2(t^2 + t - 1)$，解 $t^2 + t - 1 = 0$(参见(2.1))，得 $t_{1,2} = \frac{-1 \pm \sqrt{5}}{2}$，则由 $t_{1,2} = x + x^{-1}$，可得原方程的另外 4 个根：

$$x_{1,2,3,4} = \frac{\sqrt{5} - 1 \pm \sqrt{-2\sqrt{5} - 10}}{4}, \frac{-\sqrt{5} - 1 \pm \sqrt{2\sqrt{5} - 10}}{4}.$$

第二部分
代数基本定理的证明

在这一部分的第四章中，我们用定性的方法去阐明代数基本定理. 这种处理方法具有明显的拓扑学特性. 在第五章中，我们采用了改进后的瑞士数学家阿尔冈的方法，其中用到了复数的运算以及不等式的一些性质. 因为复变量多项式是解析函数，所以从复变函数理论去研究这一课题也应该是十分恰当的. 因而我们在第六章中就采用了美国数学家安凯奈的方法，其中所需的复函数积分理论和柯西定理等在正文中有相应的阐述.

第四章

代数基本定理的定性说明

§4.1 复平面中的一些圆周曲线

对于 $p(z) = z = r(\cos\theta + \mathrm{i}\sin\theta) = z(r, \theta)$，如果我们固定 r，$r \neq 0$，而令 $0 \leqslant \theta \leqslant 2\pi$，那么这些 z 的全体在复平面上画出环绕原点 O，半径为 r 的一个圆周. 在复平面上，x 轴是复数 $(1, 0)=1$ 所在的轴，即实轴，而 y 轴则是复数 $(0, 1)=\mathrm{i}$ 所在的轴，即虚轴.

对于 $p(z) = z^2 = r^2(\cos\theta + \mathrm{i}\sin\theta)^2 = r^2(\cos 2\theta + \mathrm{i}\sin 2\theta)$，如果我们同样固定 r，$r \neq 0$，而令 $0 \leqslant \theta \leqslant 2\pi$，则因为此时 z^2 的周期为 π，所以这些 z^2 的全体则在复平面上画出环绕原点 O，半径为 r^2 的两圈圆周.

类似地，对于 $p(z) = z^n = r^n(\cos n\theta + \mathrm{i}\sin n\theta)$，同样在固定 r，$r \neq 0$，且在 $0 \leqslant \theta \leqslant 2\pi$ 的条件下，这些 z^n 的全体则在复平面上画出环绕原点 O，半径为 r^n 的 n 圈圆周.

有了这一些准备后，我们转而讨论更一般的多项式函数.

§4.2 多项式函数及其缠绕数

我们讨论

$$p(z) = z^n + c_{n-1}z^{n-1} + \cdots + c_1 z + c_0,\ c_i \in \mathbf{C},\ i = 0, 1, \cdots, n-1,\ c_0 \neq 0. \tag{4.1}$$

对其变量 $z = r(\cos\theta + \mathrm{i}\sin\theta)$，在 r 固定，$0 \leqslant \theta \leqslant 2\pi$ 的条件下，在复平面上画出轨迹.

(i) 首先，变量 $z=r(\cos\theta+\mathrm{i}\sin\theta)$ 对固定的 r，$0 \leqslant \theta \leqslant 2\pi$ 是一个圆周，因而此时 $z=z(r, \theta)$ 就是一条闭曲线.

(ii) 由于 $p(z)$是 z 的连续函数,故 $p(z)=p(z(r,\theta))$ 在 r 固定下,随 θ 从 0 增至 2π,则也在复平面上画出一条闭曲线(图 4.2.1).

(iii) 下面我们将用反证法的思路来定性地说明代数基本定理,因此假定 $p(z)$在复平面上没有根,也即不存在复数 z,使得 $p(z)=0$. 于是 $p(z)$的上述闭曲线不经过原点 O,而绕原点多圈. 设为 m 圈,则 $m\in\mathbf{N}^*$,我们把 m 称为该曲线的**缠绕数**.

(iv) 在 $p(z)$给定时,即 c_0, c_1, …, $c_{n-1}\in\mathbf{C}$ 给定时,上述闭曲线 $p(z(r,\theta))$应由 r 确定,因此缠绕数 m 应是 r 的函数,即 $m=m(r)$.

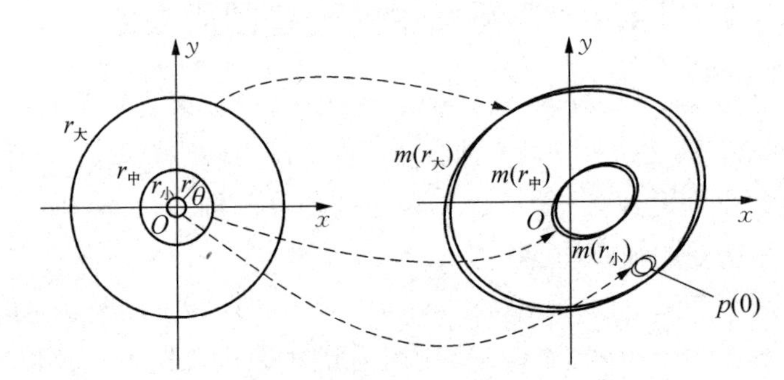

图 4.2.1 左图 $z=r(\cos\theta+\mathrm{i}\sin\theta)$, $0\leqslant\theta\leqslant 2\pi$,在 $r_{大}$、$r_{中}$、$r_{小}$ 的三种情况下给出的三个圆;
右图 $p(z)=z^n+c_{n-1}z^{n-1}+\cdots+c_1z+c_0\in\mathbf{C}[z]$, $c_0\neq 0$ 给出的相应的三条闭曲线,如果它们都不经过原点,那么就应有 $m(r_{大})=m(r_{中})=m(r_{小})\neq 0$,但 $m(r_{小})=0$,这一矛盾说明,其中至少总有一条闭曲线必定会经过原点

§4.3 缠绕数的一个重要性质

考虑 r 有一个微小的变化,即 r 变为 $r+\Delta r$,其中 Δr 是一个微小的量. 由于 $z=r(\cos\theta+\mathrm{i}\sin\theta)$,以及$p(z)=p(z(r,\theta))$,所以 $p(z)$应是 r 的一个连续函数. 于是 r 的微小变化,只能引起上述闭曲线的微小变化.

对于只能取自然数值的 $m(r)$,如果它会变化的话,就只能作出整数值的改变,而不能作出微小的改变,因此它只能保持不变,即有 $m(r)=m(r+\Delta r)$.

对于 r 的大改变,则可以通过一系列微小的改变而实现,所以对于 $p(z)$给出的上述曲线而言,以及对于任意 $r\in\mathbf{R}$,缠绕数 $m(r)$都应是一个常数.

§4.4　r 极大与极小时的两个极端情况

当 r 很大时，此时 z^n 一项在 $p(z)$ 中占主导地位. 因为复数是没有大小之分的，所以 r 很大则意味着 z^n 的模很大，或 z^n 离原点 O 很远. 此时有 $|p(z)| \approx |z^n|$. 考虑到我们在 §4.1 中的分析，可知此时 $p(z)$ 应是一条远离原点，绕原点 O 画出 n 圈，且每一圈都近似为一圆周的闭曲线.

当 r 很小时，此时 $|p(z)| \approx |p(0)| = |c_0|$，因此有一条靠近 c_0 的闭曲线. 又因为 $c_0 \neq 0$，即 c_0 偏离原点 O，故该闭曲线上的各点也偏离原点. 由此可知：此时的这一条闭曲线就根本不会是一条绕原点 O 的闭曲线.

对比上述两个极端情况，我们得出了：在我们的假设下，$m(r)$ 就不是一个常数的结论. 这就与 §4.3 的分析有矛盾了. 产生这一矛盾的根源显然是在于我们假定了 $p(z)$ 在复平面上没有根. 这样，我们就由反证法的思想说明了代数基本定理.

形象地说，当 r 从大变小时表示变量 $z = r(\cos\theta + i\sin\theta)$ 的大圆周会逐渐变为小圆周，而此时给出的函数 $p(z)$ 所表示的各条闭曲线中总有一条会经过原点 O. 这样，就有了复数 α，使得 $p(\alpha) = 0$，即 $\alpha \in \mathbf{C}$ 是 $p(z)$ 的一个根.

1814 年，瑞士业余数学家阿尔冈(Jean-Robert Argand，1768—1822)首次严格地对复系数多项式证明了代数基本定理. 这一证明后经法国数学家柯西(Augustin - Louis Cauchy，1789—1857)简化，这就是我们下一章要讨论的内容.

第五章

业余数学家阿尔冈的证明

§5.1　考虑$|p(z)|$的最小值

对于

$$p(z)=z^n+c_{n-1}z^{n-1}+\cdots+c_1z+c_0,\ c_0,\ \cdots,\ c_{n-1}\in\mathbf{C},\ c_0\neq 0,\quad(5.1)$$

考虑它在整个复平面上的模$|p(z)|$. 设$|p(z)|$能取得的最小值为μ,且不妨说在z_0处取得,则有

$$|p(z_0)|=\mu.\quad(5.2)$$

对于μ有下列两种可能性:

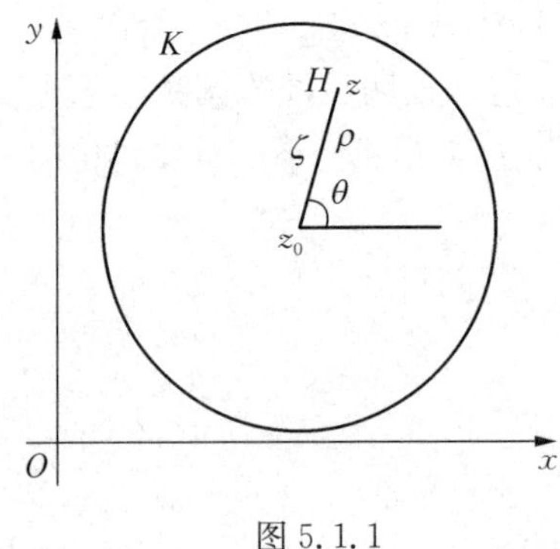

图 5.1.1

(i) $\mu>0$, 这表明$p(z)$无复根.

(ii) $\mu=0$, 这表明$p(z)$有复根z_0,此即代数基本定理.

我们用反证法来证明代数基本定理,也即假定情况(i)成立,从而推出一个矛盾来.

为此,我们接下来在z_0为圆心,半径为r的一个小圆盘K内考虑$|p(z)|$. 根据μ为最小值的假设,设$z\in K$,则$|p(z)|$在K内大于等于μ. 设$\rho=|z-z_0|$,引入$\zeta=\rho(\cos\theta+\mathrm{i}\sin\theta)$, 则利用复数的加法,有$z=z_0+\zeta$. 由此,我们先有$|p(z)|=|p(z_0+\zeta)|\geqslant\mu$.

§5.2　计算$|p(z_0+\zeta)|$等

对(5.1)中的z取为$z_0+\zeta$,则有

$$p(z_0+\zeta)=(z_0+\zeta)^n+c_{n-1}(z_0+\zeta)^{n-1}+\cdots+c_0. \tag{5.3}$$

再对式中的每一个幂,用牛顿二项式公式去括号且按 ζ 的升幂排列则有

$$\begin{aligned}p(z)=p(z_0+\zeta)&=z_0^n+c_{n-1}z_0^{n-1}+c_{n-2}z_0^{n-2}+\cdots+c_0+d_1\zeta+d_2\zeta^2+\cdots\\&+d_n\zeta^n=p(z_0)+d_1\zeta+d_2\zeta^2+\cdots+d_n\zeta^n.\end{aligned} \tag{5.4}$$

因为 $d_1, d_2, \cdots, d_n$ 中有一些可能为零,所以如果我们把其中第一个不为零的记为 c,第二个不为零的记为 c', …,这样就有

$$p(z)=p(z_0+\zeta)=p(z_0)+c\zeta^\nu+c'\zeta^{\nu'}+c''\zeta^{\nu''}+\cdots. \tag{5.5}$$

而按照我们升幂排列的规定应有 $\nu<\nu'<\nu''<\cdots$.

按我们 $p(z_0)\neq 0$ 的假定,$\dfrac{p(z)}{p(z_0)}$有意义,而有

$$\begin{aligned}\frac{p(z)}{p(z_0)}&=1+\frac{c}{p(z_0)}\zeta^\nu+\frac{c'}{p(z_0)}\zeta^{\nu'}+\frac{c''}{p(z_0)}\zeta^{\nu''}+\cdots\\&=1+q\zeta^\nu(1+\zeta\xi).\end{aligned} \tag{5.6}$$

其中 $q=\dfrac{c}{p(z_0)}$,而 ξ 表示 ζ 的一些不同的正数幂且带有已知系数的一个和式.

§5.3　对 $q\zeta^\nu(1+\zeta\xi)$的讨论

我们先讨论 $q\zeta^\nu$ 这一项. 从 $\zeta=\rho(\cos\theta+\mathrm{i}\sin\theta)$,且设 $q=\dfrac{c}{p(z_0)}=h(\cos\lambda+\mathrm{i}\sin\lambda)$,有 $q\zeta^\nu=h\rho^\nu[\cos(\lambda+\nu\theta)+\mathrm{i}\sin(\lambda+\nu\theta)]$.

为了完成反证法的证明,我们只要能找出破绽来就行,为此我们在下面只考虑图 5.1.1 所示的 K 圆中的那些满足 $\lambda+\nu\theta=\pi$ 的点. 容易看出这些是位于与实轴夹角为 $\theta=\dfrac{\pi-\lambda}{\nu}$ 的半径 z_0H 上的各点. 对于这些特殊的点,由于 $\cos\pi+\mathrm{i}\sin\pi=-1$, 则有 $q\zeta^\nu=-h\rho^\nu$.

其次,我们讨论 $(1+\zeta\xi)$ 这一项. 从 $\zeta=\rho(\cos\theta+\mathrm{i}\sin\theta)$, $\zeta\in K$,可知 $\rho=|\zeta|<r$. 于是只要我们选取足够小的圆盘 K,即让其半径足够小,那么 $(1+\zeta\xi)$ 就可以按我们所需的那样尽可能地接近 1.

§5.4 反证法：证明了代数基本定理

综合上面的讨论，分数

$$\frac{p(z)}{p(z_0)} = 1 - h\rho^{\nu}(1 + \zeta\xi) \tag{5.7}$$

对于我们上面所选的那些点而言，可尽量地接近 $1 - h\rho^{\nu}$. 然而 $h > 0$, $\rho > 0$，因而 $h\rho^{\nu} > 0$, 所以就有

$$\frac{|p(z)|}{|p(z_0)|} < 1, \tag{5.8}$$

或者

$$|p(z)| < |p(z_0)| = \mu. \tag{5.9}$$

这就与 $|p(z_0)| = \mu$ 是最小值矛盾了：代数基本定理得证.

在下一章中，我们将阐明美国数学家安凯奈(Nesmith Cornett Ankeny, 1927—1993)的方法. 他用到了复变函数理论中的柯西定理.

第六章

美国数学家安凯奈的证明

§6.1　复变函数论中的解析函数

设 $f(z)$是区域 D 内的一个单值函数，而用

$$f'(z_0)=\lim_{z\to z_0,\, z\in D}\frac{f(z)-f(z_0)}{z-z_0} \tag{6.1}$$

来定义 $f(z)$在 z_0 点的导数. 这一定义与微积分学中所论述的实函数的导数的定义在形式上是相同的，只不过这里的 z 要以任意方式趋近于 z_0.

定义 6.1.1　如果 $f'(z)$在 z_0 点存在并等于复数 α，则称 $f(z)$在 z_0 点是可导的，且记$f'(z_0)=\alpha$. 如果 $f(z)$在区域 D 内每一点都可导，那么称 $f(z)$在区域D 内解析. 如果 $f(z)$在 z_0 的一个邻域内解析，则称 $f(z)$在 z_0 点解析.

例 6.1.1　对于 $z=x+\mathrm{i}y$，定义 $f(z)=\bar{z}=x-\mathrm{i}y$. 令 $h\in\mathbf{R}$，则从 $\lim\limits_{h\to 0}\dfrac{f(h)-f(0)}{h}=\lim\limits_{h\to 0}\dfrac{h}{h}=1$，而对于 $h\mathrm{i}$，$h\in\mathbf{R}$，有 $\lim\limits_{h\mathrm{i}\to 0}\dfrac{f(h\mathrm{i})-f(0)}{h\mathrm{i}}=\lim\limits_{h\mathrm{i}\to 0}\dfrac{-h\mathrm{i}}{h\mathrm{i}}=-1$. 因此，$f(z)=\bar{z}$ 在 $z=0$ 点不是解析的.

§6.2　柯西-黎曼定理

设 $f(z)$在 z 点是解析的. 我们先来研究此时 $f(z)$应满足的必要条件. 为此，我们把 $f(z)$分成实部和虚部，即 $f(z)=f(x+\mathrm{i}y)=u(x,y)+\mathrm{i}v(x,y)$，并按 $\Delta z=\Delta x\to 0$，以及 $\Delta z=\mathrm{i}\Delta y\to 0$ 的两个方向分别来计算 $f(z)$ 在 z 点的导数.

对于 $\Delta x\to 0$，从 $z+\Delta x=x+\mathrm{i}y+\Delta x=x+\Delta x+\mathrm{i}y$，有

$$f(z+\Delta x)-f(z)=[u(x+\Delta x,y)+\mathrm{i}v(x+\Delta x,y)]-[u(x,y)+\mathrm{i}v(x,y)]$$

$$=u(x+\Delta x, y)-u(x, y)+\mathrm{i}[v(x+\Delta x, y)-v(x, y)]. \tag{6.2}$$

因此有

$$\lim_{\Delta x\to 0}\frac{f(z+\Delta x)-f(z)}{\Delta x}=\frac{\partial u}{\partial x}+\mathrm{i}\,\frac{\partial v}{\partial x}. \tag{6.3}$$

对于 $\mathrm{i}\Delta y\to 0$，从 $z+\mathrm{i}\Delta y=x+\mathrm{i}(y+\Delta y)$，有

$$f(z+\mathrm{i}\Delta y)-f(z)=u(x, y+\Delta y)-u(x, y)+\mathrm{i}[v(x, y+\Delta y)-v(x, y)]. \tag{6.4}$$

因此有

$$\lim_{\mathrm{i}\Delta y\to 0}\frac{f(z+\mathrm{i}\Delta y)-f(z)}{\mathrm{i}\Delta y}=-\mathrm{i}\,\frac{\partial u}{\partial y}+\frac{\partial v}{\partial y}. \tag{6.5}$$

比较(6.3)与(6.5)，考虑到$\frac{\partial u}{\partial x}$，$\frac{\partial v}{\partial x}$，$\frac{\partial u}{\partial y}$，$\frac{\partial v}{\partial y}$都是实值函数，这就有 $f(z)$ 在点 $z=x+\mathrm{i}y$ 可导时，$u(x, y)$ 及 $v(x, y)$ 应满足的**柯西-黎曼条件**：

$$\frac{\partial u}{\partial x}=\frac{\partial v}{\partial y},\ \frac{\partial u}{\partial y}=-\frac{\partial v}{\partial x}. \tag{6.6}$$

这是 $f(z)$ 是解析的必要条件. 下面我们证明这一条件也是充分的.

设 $\frac{\partial u}{\partial x}=a$，而$\frac{\partial u}{\partial y}=-b$，因此由柯西-黎曼条件有$\frac{\partial v}{\partial x}=b$，$\frac{\partial v}{\partial y}=a$. 于是正像 $f(x+\Delta x)-f(x)=f'(x)\Delta x$，由 $u(x, y)$及 $v(x, y)$在点 $z=x+\mathrm{i}y$ 可导就给出(参见[20]§4.3.4)

$$u(x+\Delta x, y+\Delta y)-u(x, y)\approx\frac{\partial u}{\partial x}\Delta x+\frac{\partial u}{\partial y}\Delta y=a\Delta x-b\Delta y, \tag{6.7}$$

$$v(x+\Delta x, y+\Delta y)-v(x, y)\approx\frac{\partial v}{\partial x}\Delta x+\frac{\partial v}{\partial y}\Delta y=b\Delta x+a\Delta y. \tag{6.8}$$

因此

$$\begin{aligned}
f(z+\Delta z)-f(z) &= f(x+\mathrm{i}y+\Delta x+\mathrm{i}\Delta y)-f(x+\mathrm{i}y)\\
&=[u(x+\Delta x, y+\Delta y)+\mathrm{i}v(x+\Delta x, y+\Delta y)]\\
&\quad-[u(x, y)+\mathrm{i}v(x, y)]\\
&\approx a\Delta x-b\Delta y+\mathrm{i}(b\Delta x+a\Delta y)\\
&=(a+b\mathrm{i})\Delta x+(a+b\mathrm{i})\mathrm{i}\Delta y\\
&=(a+b\mathrm{i})(\Delta x+\mathrm{i}\Delta y)=(a+b\mathrm{i})\Delta z.
\end{aligned} \tag{6.9}$$

最终就有

$$\lim_{\Delta z \to 0} \frac{f(z+\Delta z)-f(z)}{\Delta z}=a+b\mathrm{i}, \tag{6.10}$$

即 $f(z)$在点 $z=x+\mathrm{i}y$ 有导数 $a+b\mathrm{i}$，这样我们就得出了：

定理 6.2.1　(柯西-黎曼定理) 复变函数 $f(z)=u(x, y)+\mathrm{i}v(x, y)$ 在区域 D 内确定，则 $f(z)$在区域 D 内解析的充要条件是：$u(x, y)$及 $v(x, y)$ 在 D 内可微，且在 D 内柯西-黎曼条件成立.

例 6.2.1　对于 $f(z)=x+\mathrm{i}y$，有 $u(x, y)=x$，$v(x, y)=y$. 因此，$\frac{\partial u}{\partial x}=\frac{\partial v}{\partial y}=1$，$\frac{\partial u}{\partial y}=\frac{-\partial v}{\partial x}=0$. 所以 $f(z)=x+\mathrm{i}y$ 是解析函数. 然而，对于 $f(z)=x-\mathrm{i}y$，有 $u(x, y)=x$，$v(x, y)=-y$，因此，$\frac{\partial u}{\partial x}=1$，而$\frac{\partial v}{\partial y}=-1$，所以 $f(z)=\bar{z}=x-\mathrm{i}y$ 不是解析函数.

黎曼(Georg Friedrich Bernhard Riemann，1826—1866)是德国数学家. 1857 年，他的演讲"论作为几何基础的假设"开创了黎曼几何. 这为爱因斯坦的广义相对论奠定了数学基础.

例 6.2.2　设 $f(z)=u+\mathrm{i}v$，$g(z)=\tilde{u}+\mathrm{i}\tilde{v}$ 是解析的，则利用 u，v；$\tilde{u}$，$\tilde{v}$ 分别满足柯西-黎曼条件，不难证明 $cf(z)$，$c\in\mathbf{C}$，$f(z)+g(z)$，以及 $f(z)\cdot g(z)$都是解析的，且复变函数有与实变函数同样的求导法则.

例 6.2.3　由例 6.2.2 可知多项式函数 $f(z)=c_n z^n+c_{n-1}z^{n-1}+\cdots+c_0$，$c_0$，$c_1$，$\cdots$，$c_n\in\mathbf{C}$，是解析函数.

例 6.2.4　设 $f(z)=u+\mathrm{i}v$ 是解析的，而令$\frac{1}{f(z)}=\tilde{u}+\mathrm{i}\tilde{v}$，则从 $\tilde{u}=\frac{u}{u^2+v^2}$，$\tilde{v}=\frac{-v}{u^2+v^2}$，以及函数商的求导法则：$\left(\frac{s}{t}\right)'=\frac{s't-st'}{t^2}$，不难证得 $\frac{\partial \tilde{u}}{\partial x}=\frac{\partial \tilde{v}}{\partial y}$ 及$\frac{\partial \tilde{u}}{\partial y}=\frac{-\partial \tilde{v}}{\partial x}$.

这表明在 $f(z)\neq 0$ 的各点，$\frac{1}{f(z)}$是解析的.

§6.3　连续复函数的线积分

类似于微积分学中连续函数的线积分，我们只要用复数代替实数，就能

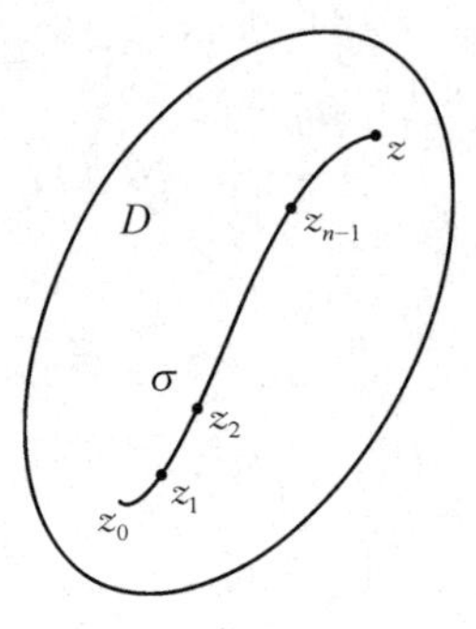

图 6.3.1

相应地定义连续复函数的线积分：

设 σ 为复平面中的一条简单曲线(参见[6])起于点 z_0，而终止于点 z，以及 $f(z)$ 是定义在包含 σ 的一个区域 D 中的一个连续函数. 用点 $z_0, z_1, \cdots, z_{n-1}, z_n = z$，把 σ 分成 n 段，而考虑下列求和

$$S = \sum_{k=1}^{n} f(z_k)(z_k - z_{k-1}). \tag{6.11}$$

如果 $f(z)$ 是连续的，且 σ 有有限长度，则可以证明：当 $n \to \infty$，且相邻点之间的长度趋于零时，上述和有一个完全确定的极限. 这一极限称为 $f(z)$ 沿曲线 σ 的线积分，记为 $\int_\sigma f(z)\mathrm{d}z$.

在上述定义中，我们指定了曲线 σ 的起点 z_0 以及终点 z_n，也即规定了该曲线的定向，对于同一条曲线图形，如果以 z_n 为起点，而 z_0 为终点，我们则得到一条有相反定向的曲线，记为 $\bar{\sigma}$.

不难证明(参见[6])，$f(z)$ 的线积分有下列性质：

(i) 若曲线 σ 由曲线 σ_1 及 σ_2 构成，则

$$\int_\sigma f(z)\mathrm{d}z = \int_{\sigma_1} f(z)\mathrm{d}z + \int_{\sigma_2} f(z)\mathrm{d}z. \tag{6.12}$$

(ii) 在对 $\bar{\sigma}$ 积分时，由于(6.11)中的 $z_k - z_{k-1}$ 变为 $z_{k-1} - z_k$，因此有

$$\int_{\bar{\sigma}} f(z)\mathrm{d}z = -\int_\sigma f(z)\mathrm{d}z. \tag{6.13}$$

(iii)
$$\int_\sigma [f(z) + g(z)]\mathrm{d}z = \int_\sigma f(z)\mathrm{d}z + \int_\sigma g(z)\mathrm{d}z. \tag{6.14}$$

例 6.3.1 令 $f(z) = u(x, y) + \mathrm{i}v(x, y)$ 及 $\mathrm{d}z = \mathrm{d}x + \mathrm{i}\mathrm{d}y$，则有

$$\begin{aligned}\int_\sigma f(z)\mathrm{d}z &= \int_\sigma [u(x, y) + \mathrm{i}v(x, y)](\mathrm{d}x + \mathrm{i}\mathrm{d}y)\\ &= \int_\sigma [u(x, y) + \mathrm{i}v(x, y)]\mathrm{d}x + \int_\sigma [\mathrm{i}u(x, y) - v(x, y)]\mathrm{d}y\\ &= \int_\sigma u\mathrm{d}x - v\mathrm{d}y + \mathrm{i}\int_\sigma v\mathrm{d}x + u\mathrm{d}y.\end{aligned}$$

在最后一个表达式中，我们把复函数的积分归结为两个实函数的积分.

例 6.3.2　若 $f(z)=z$，而 σ 是一个反时针的单位圆，则从 σ: $x+\mathrm{i}y=\cos 2\pi t+\mathrm{i}\sin 2\pi t,\ 0\leqslant t\leqslant 1$，有

$$\begin{aligned}\int_\sigma f(z)\,\mathrm{d}z&=\int_\sigma z\,\mathrm{d}z=\int_\sigma(x+\mathrm{i}y)\mathrm{d}x+\int_\sigma(\mathrm{i}x-y)\mathrm{d}y\\&=\int_0^1[\cos 2\pi t+\mathrm{i}\sin 2\pi t]\frac{\mathrm{d}}{\mathrm{d}t}(\cos 2\pi t)\mathrm{d}t+\\&\quad\int_0^1[\mathrm{i}\cos 2\pi t-\sin 2\pi t]\frac{\mathrm{d}}{\mathrm{d}t}(\sin 2\pi t)\mathrm{d}t=0.\end{aligned}$$

此系§6.5中柯西积分定理的一个特例.

§6.4　微积分学中的格林定理的回顾

考虑图 6.4.1 中的平面区域 D 及其边界 σ，以及定义在其上的两个实值可微函数 $P(x,\ y)$ 及 $Q(x,\ y)$. 如果以逆时针方向为 σ 的定向，则有下列经典的格林公式(参见[14]§10.8)：

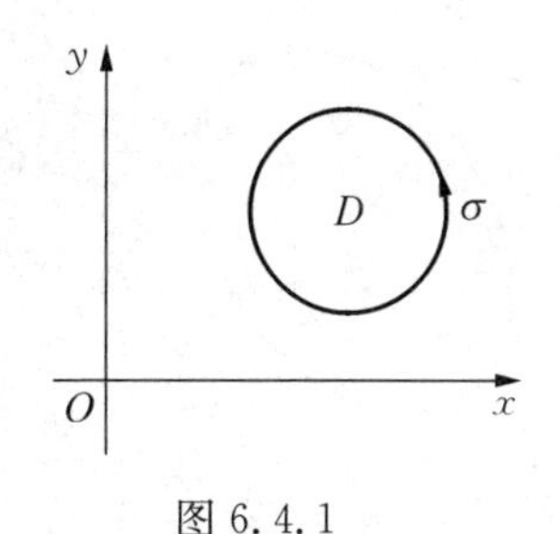

图 6.4.1

定理 6.4.1　(格林公式)

$$\oint_\sigma P(x,\ y)\mathrm{d}x+\oint_\sigma Q(x,\ y)\mathrm{d}y=\iint_D\left(\frac{\partial Q}{\partial x}-\frac{\partial P}{\partial y}\right)\mathrm{d}x\mathrm{d}y.\tag{6.15}$$

格林(George Green，1793—1841)是英国数学家，他的这一定理把(6.15)左边的一个绕 σ 的线积分与(6.15)右边的在区域 D 上的面积分联系了起来.

§6.5　柯西积分定理

设 σ 是复平面中一个单连通区域 D 中的一条以反时针定向的闭曲线，而 $f(z)$ 在 D 中解析. 我们现在来计算 $\int_\sigma f(z)\mathrm{d}z$.

先从例 6.3.1 有

$$\int_{\sigma} f(z)\mathrm{d}z = \int_{\sigma} u\mathrm{d}x - v\mathrm{d}y + \mathrm{i}\int_{\sigma} u\mathrm{d}y + v\mathrm{d}x. \tag{6.16}$$

然后,针对(6.16)中的两个积分分别应用§6.4中的格林公式,以及 $f(z) = u(x, y) + \mathrm{i}v(x, y)$ 中的实函数 $u(x, y)$ 及 $v(x, y)$ 满足的柯西-黎曼条件,就有

$$\int_{\sigma} f(z)\mathrm{d}z = \iint_{D}\left(-\frac{\partial v}{\partial x} - \frac{\partial u}{\partial y}\right)\mathrm{d}x\mathrm{d}y + \mathrm{i}\iint_{D}\left(\frac{\partial u}{\partial x} - \frac{\partial v}{\partial y}\right)\mathrm{d}x\mathrm{d}y = 0 \tag{6.17}$$

于是,我们证得了:

定理 6.5.1(柯西积分定理) 设 σ 是区域 D 中的一条反时针定向的简单闭曲线,而 $f(z)$ 是 D 中的一个解析函数,则有

$$\int_{\sigma} f(z)\mathrm{d}z = 0. \tag{6.18}$$

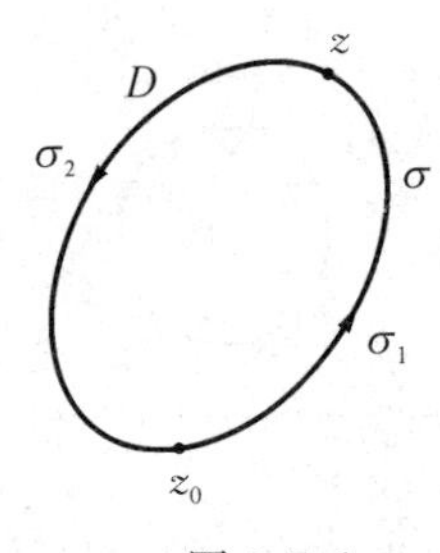

图 6.5.1

例 6.5.1 由例 6.2.1 可知 $f(z) = z$ 是解析函数,因此 $\int_{\sigma} z\mathrm{d}z = 0$,这里 σ 是复平面上的任意简单曲线. 例 6.3.2 是此例的一个特殊情况.

如果把曲线 σ 如图 6.5.1 所示的那样分成 σ_1 和 σ_2,则由(6.12)可得

$$\int_{\sigma} f(z)\mathrm{d}z = \int_{\sigma_1} f(z)\mathrm{d}z + \int_{\sigma_2} f(z)\mathrm{d}z = 0. \tag{6.19}$$

于是

$$\int_{\sigma_1} f(z)\mathrm{d}z = -\int_{\sigma_2} f(z)\mathrm{d}z = \int_{\bar{\sigma}_2} f(z)\mathrm{d}z. \tag{6.20}$$

这里用到了(6.13),而 $\bar{\sigma}_2$ 与 σ_1 是 D 中连结 z_0 与 z 的,两条有相同起点 z_0 与相同终点 z 的曲线. 由于曲线 σ 是任意的,这就有:

推论 6.5.1 若 $f(z)$ 在一个(单连通的)区域 D 中解析,那么对连结 D 中任意两点 z_0 和 z 的曲线 σ_1、σ_2 而言,$f(z)$ 沿 σ_1 与 σ_2 的线积分有相同的值.

§6.6 安凯奈的思路

我们下面就用复变函数论来证明代数基本定理. 对于

$$f(z) = a_n z^n + a_{n-1} z^{n-1} + \cdots + a_1 z + a_0 \in \mathbf{C}[x], \tag{6.21}$$

$\deg f(z) = n \geqslant 1$，以及 $a_0 \neq 0$，定义

$$\bar{f}(z) = \bar{a}_n z^n + \bar{a}_{n-1} z^{n-1} + \cdots + \bar{a}_1 z + \bar{a}_0, \tag{6.22}$$

也即 $\bar{f}(z)$是由把 $f(x)$中的各项系数取其共轭复数而构成的. 接下来，我们构造

$$\phi(z) = f(z)\bar{f}(z). \tag{6.23}$$

例 6.6.1 若 $f(z) = a_2 z^2 + a_1 z + a_0$，则 $\bar{f}(z) = \bar{a}_2 z^2 + \bar{a}_1 z + \bar{a}_0$. 于是 $\phi(z) = (a_2 z^2 + a_1 z + a_0)(\bar{a}_2 z^2 + \bar{a}_1 z + \bar{a}_0) = a_2 \bar{a}_2 z^4 + (a_2 \bar{a}_1 + a_1 \bar{a}_2) z^3 + (a_2 \bar{a}_0 + a_1 \bar{a}_1 + a_0 \bar{a}_2) z^2 + (a_1 \bar{a}_0 + a_0 \bar{a}_1) z + a_0 \bar{a}_0$. 显然 $\phi(z)$是一个 4 次实系数多项式.

例 6.6.2 设 $\deg f(x) = n$，则 $\deg \phi(z) = 2n$. 设 $\phi(z) = \sum_{i=1}^{2n} c_i z^i$，则 $c_i = a_i \bar{a}_0 + a_{i-1} \bar{a}_1 + \cdots + a_1 \bar{a}_{i-1} + a_0 \bar{a}_i$. 因此 $c_i = \bar{c}_i$，即 $c_i \in \mathbf{R}$，$i = 1, 2, \cdots, 2n$. 于是 $\phi(z)$是一个 $2n$ 次实系数多项式.

如果能证明 $\phi(z)$必有一根 α，即 $\phi(\alpha) = f(\alpha)\bar{f}(\alpha) = 0$，那么或者 $f(\alpha) = 0$，即 $f(z)$有根 α；或者 $\bar{f}(\alpha) = 0$. 对于后一种情况，由(6.22)可知，此时有 $f(\bar{\alpha}) = 0$，即 $f(z)$有根 $\bar{\alpha}$(参见例3.3.1). 所以不管是哪一种情况，只要能证明 $\phi(z)$总有一根，那么代数基本定理就能得证. 这正是安凯奈方法的切入点.

接下去安凯奈就用了反证法：假设 $\phi(z)$没有根，由此推出矛盾来.

§6.7 $\phi(z)$的两个特殊线积分

我们假定 $\phi(z)$没有复根，也即 $\phi(z)$在整个复平面上不为零. 由此$\frac{1}{\phi(z)}$在整个复平面上有定义，且由例 6.2.3 和例 6.2.4 可知$\frac{1}{\phi(z)}$是解析函数. 于是我们对$\frac{1}{\phi(z)}$应用推论6.5.1：$\frac{1}{\phi(z)}$对复平面中沿任意两条有相同

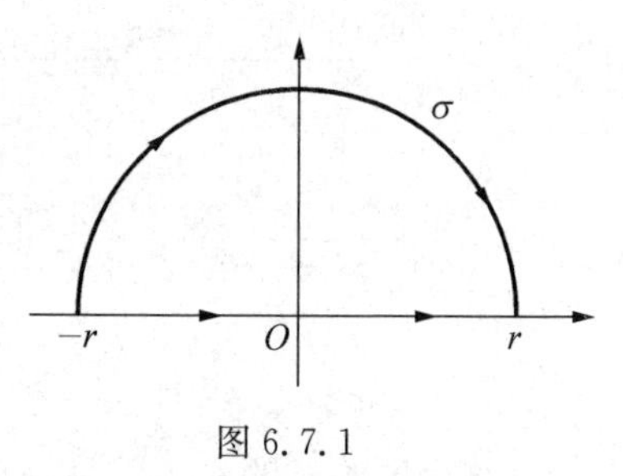

图 6.7.1

起点和终点的曲线积分，应给出相同的积分值.

这样，我们就取图 6.7.1 中的两条特殊曲线来探究一下：其中一条是沿着实轴从 $-r$ 到 r 的直线段，另一条是半径为 r 的顺时针的半圆 σ. 于是此时应有

$$\int_{-r}^{r}\frac{\mathrm{d}z}{\phi(z)}=\int_{\sigma}\frac{\mathrm{d}z}{\phi(z)}. \tag{6.24}$$

如果此时能证明，此式左边的积分不等于右边的积分，那么我们就有一个不可调和的矛盾了. 这种“两个本应相等的积分，但由于我们的假设而导致不相等”的反证方法在下面的一些讨论中会多次用到.

§6.8 两个不相等的积分

我们在 r 增大的情况下，计算这两个积分. 先讨论(6.24)右边的积分. 从 $\deg\phi(z)=2n$，设 $\phi(z)$ 的首项为 az^{2n}，而定义

$$\psi(z)=az^{2n}-\phi(z), \tag{6.25}$$

则有 $\deg\psi(z)<2n$，因此 $\psi(z)=a_m z^m+\cdots+a_1 z+a_0$, $m<2n$. 于是有

$$\frac{\phi(z)}{az^{2n}}=\frac{az^{2n}-\psi(z)}{az^{2n}}=1-\frac{\psi(z)}{az^{2n}}. \tag{6.26}$$

对等式两边取模，则有

$$\left|\frac{\phi(z)}{az^{2n}}\right|=\left|1-\frac{\psi(z)}{az^{2n}}\right|\geqslant 1-\left|\frac{\psi(z)}{az^{2n}}\right|. \tag{6.27}$$

而其中

$$\left|\frac{\psi(z)}{az^{2n}}\right|=\frac{|a_m z^m+\cdots+a_1 z+a_0|}{|az^{2n}|}\leqslant\frac{|a_m|\cdot|z|^m+\cdots+|a_1|\cdot|z|+|a_0|}{|a|\cdot|z|^{2n}}. \tag{6.28}$$

而当 $|z|>1$ 时，有

$$\left|\frac{\psi(z)}{az^{2n}}\right|\leqslant\frac{|a_m|+\cdots+|a_1|+|a_0|}{|a|\cdot|z|^{2n-m}}. \tag{6.29}$$

这个不等式的右边仅是 $|z|$ 的一个函数，且反比于 $|z|^{2n-m}$. 于是只要适当地选取 $|z|$ 就可以使它任意地小. 精确地说，对任意 $\varepsilon\in(0,1)$，此时存在依赖

于 ε 的 $r_\varepsilon > 1$，使得$|z| \geqslant r_\varepsilon$ 时，有

$$\left|\frac{\psi(z)}{az^{2n}}\right| \leqslant \frac{|a_m|+\cdots+|a_1|+|a_0|}{|a|\cdot|z|^{2n-m}} \leqslant \varepsilon. \tag{6.30}$$

忆及 $\varepsilon \in (0, 1)$，这就有

$$1-\left|\frac{\psi(z)}{az^{2n}}\right| \geqslant 1-\varepsilon. \tag{6.31}$$

于是从(6.27)，当 $|z|=r \geqslant r_\varepsilon$ 时便有

$$|\phi(z)| \geqslant |az^{2n}| \cdot (1-\varepsilon) = |a| r^{2n}(1-\varepsilon). \tag{6.32}$$

最后在 $r \geqslant r_\varepsilon$ 的情况下，计算(6.24)右边的积分. 考虑到 $\mathrm{d}z$ 沿半圆 σ 的积分是半径为 r 的圆的周长的一半，即

$$\left|\int_\sigma \mathrm{d}z\right| \leqslant \frac{2\pi r}{2} = \pi r, \tag{6.33}$$

就有

$$\left|\int_\sigma \frac{\mathrm{d}z}{\phi(z)}\right| \leqslant \int_\sigma \frac{|\mathrm{d}z|}{|\phi(z)|} \leqslant \int_\sigma \frac{|\mathrm{d}z|}{|a| r^{2n}(1-\varepsilon)} = \frac{\pi}{|a| r^{2n-1}(1-\varepsilon)}. \tag{6.34}$$

如果我们直接用积分不等式 $\left|\int_\sigma f(z)\mathrm{d}z\right| \leqslant ML$，其中 $|f(z)| \leqslant M$，L 是 σ 的长，则(6.34)就很容易从(6.32)和(6.33)得出了.

根据这一不等式，可知随着 r 变大，$\left|\int_\sigma \mathrm{d}z/\phi(z)\right|$ 逐渐变小.

下面我们再来考虑(6.24)的左边. 首先，$\phi(z)$是实系数多项式，所以沿着实轴取 z 值时，$\phi(z)$就仅取实数值. 因此，这一积分已是实变函数中的黎曼积分，即

$$\int_{-r}^{r} \frac{\mathrm{d}z}{\phi(z)} = \int_{-r}^{r} \frac{\mathrm{d}x}{\phi(x)}. \tag{6.35}$$

其次，$\phi(x)$在整个实轴上不会改变符号. 否则的话，$\phi(x) = f(x)\bar{f}(x)$ 就有根了. 这与我们最初的假设矛盾.

因此，(6.35)的绝对值会随 r 变大而逐渐变大. 于是，原来应该相等的两个积分，由于我们假设 $\phi(z)$没有根，就有两个完全不同的表现，这样就矛盾了. 代数基本定理证毕.

第三部分
圆周率 π 和自然对数底 e,及其无理性

在这一部分中,我们证明了圆周率 π 以及自然对数的底 e 都是无理数.

对于圆周率,我们从刘徽割圆的光辉思想讲起,然后利用 π 的级数展开,用微积分作为工具证明了它是一个无理数.

对于自然对数的底 e,我们从它的极限定义出发,导出了一系列有重要应用的公式,如欧拉公式、棣莫弗公式、欧拉魔幻等式、三角学中的多倍角公式等.我们最后从 e 的级数展开证明了 e 是一个无理数.

第七章

圆周率π及其无理性

§7.1 刘徽割圆与圆周率π

图7.1.1是一个半径为r的圆O. 为了求出其周长c,作为第一步,我们用此圆的内接正三角形ABC的三边长之和$AB+BC+CA$来近似地表示c. 由于$AB<\overset{\frown}{AB}$,作为第二步,我们就取$\overset{\frown}{AB}$的中点D等,而用圆O的内接正六边形的周长来更精确地表示圆周长c. 这是因为我们有

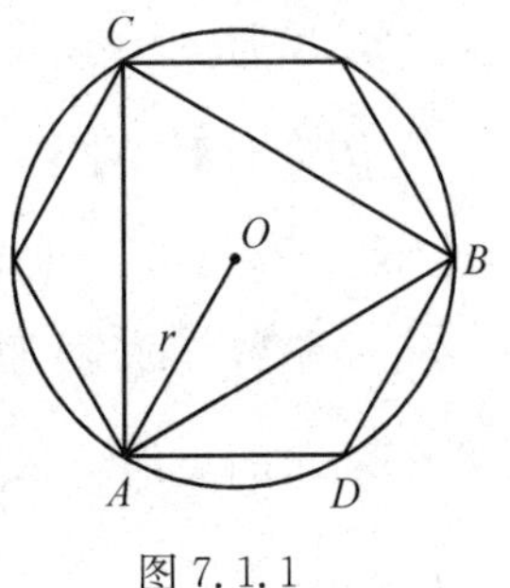

图7.1.1

$$AB < AD + DB < \overset{\frown}{AD} + \overset{\frown}{DB} = \overset{\frown}{AB}, \quad (7.1)$$

所以

$$\text{正三角形的周长} < \text{正六边形的周长} < c. \quad (7.2)$$

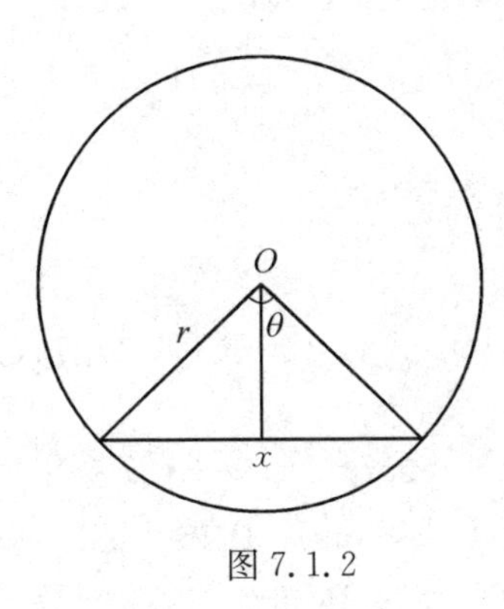

图7.1.2

类似地,我们可以作出圆O的内接正十二边形,正二十四边形,……用这种方法去逼近圆O的周长C是三世纪中期我国魏晋时代的数学家刘徽(约225—295)的光辉思想,称为**刘徽割圆术**.

一般地,我们讨论圆O的正n边形,$n=3$, 4, 5, …. 按图7.1.2,有$\theta=\dfrac{360^\circ}{n}$. 因而$x=2r\sin\dfrac{\theta}{2}$. 于是

$$c \approx nx = 2rn\sin\frac{180^\circ}{n}, \quad (7.3)$$

所以

$$c=\lim_{n\to\infty}2rn\sin\frac{180^\circ}{n}=2r\lim_{n\to\infty}n\sin\frac{180^\circ}{n}. \tag{7.4}$$

令

$$\pi=\lim_{n\to\infty}n\sin\frac{180^\circ}{n}, \tag{7.5}$$

则有

$$c=2\pi r. \tag{7.6}$$

由此给出的、与圆的半径 r 无关的常数 π 称为圆周率.

例 7.1.1 对于(7.5)中的 $n\sin\frac{180^\circ}{n}$,在 $n=6$ 时,它等于3;$n=12$ 时,它等于3.10…;$n=24$ 时,它等于3.13…;$n=48$ 时,它等于3.139….

希腊数学家阿基米德(Archimedes of Syracuse,公元前287—公元前212)给出的 π 值是 $\frac{223}{71}=3.1408\cdots$ 到 $\frac{22}{7}=3.1428\cdots$ 之间. 威尔士数学家琼斯(William Jones,1675—1749)最早引入希腊字母 π 来表示圆周率,很可能是因为希腊语中圆周一词的首字母是 π.

π 的近似值是3.14159265…. 它是一个无限不循环小数,即一个无理数. 这一点直到1761年才由瑞士博学者朗伯(Johann Heinrich Lambert,1728—1777)加以证明.

§7.2 π是一个无理数

$$\arctan x=x-\frac{x^3}{3}+\frac{x^5}{5}-\frac{x^7}{7}+\cdots. \tag{7.7}$$

这一表达式由苏格兰数学家格雷戈里(James Gregory,1638—1675)在1671年得到,德国数学家莱布尼茨(Gottfried Wilhelm Leibniz,1646—1716)在1673年也得到了此式(参见附录2). 事实上,早在14至15世纪,古印度数学家也已经发现这一公式了(参见附录3).

在这一公式中,令 $x=1$,我们就得出了 π 的级数表示:

$$\frac{\pi}{4}=1-\frac{1}{3}+\frac{1}{5}-\frac{1}{7}+\cdots. \tag{7.8}$$

不过光凭这一点，并不能说明π是一个无理数.

下面我们用反证法来证明π是无理数. 为此，假设$\pi=\frac{q}{p}$, q, $p\in\mathbf{N}^*$. 由这两个正整数q、p，以及待定的正整数n，定义

$$f(x)=\frac{x^n(q-px)^n}{n!}. \tag{7.9}$$

首先$\deg f(x)=2n$，其次由$q=\pi p$，所以如果$x\in[0,\pi]$，则$f(x)\geqslant 0$. 然后，我们求出$f(x)$对x的2阶，4阶，…，$2n$阶导数：$f^{(2)}(x)$, $f^{(4)}(x)$, …, $f^{(2n)}(x)$，并定义

$$F(x)=f(x)-f^{(2)}(x)+f^{(4)}(x)-\cdots+(-1)^n f^{(2n)}(x). \tag{7.10}$$

利用函数积的求导法则，我们不难得出$f(x)$, $f^{(2)}(x)$, …, $f^{(2n)}(x)$分别在$x=0$与$x=\pi$时都取整数值的结论. 由此得出$F(0)$及$F(\pi)$也取整数值的结论.

由(7.10)，我们再对$F(x)$对x求2阶导数，有

$$F''(x)=f^{(2)}(x)-f^{(4)}(x)+f^{(6)}(x)-\cdots+(-1)^{n-1}f^{(2n)}(x). \tag{7.11}$$

于是由(7.10)及(7.11)可得

$$F''(x)+F(x)=f(x). \tag{7.12}$$

因此

$$\begin{aligned}\frac{\mathrm{d}}{\mathrm{d}x}(F'(x)\sin x-F(x)\cos x)&=[F''(x)+F(x)]\sin x\\&=f(x)\sin x.\end{aligned} \tag{7.13}$$

于是有

$$\int_0^\pi \mathrm{d}(F'(x)\sin x-F(x)\cos x)=\int_0^\pi f(x)\sin x\mathrm{d}x. \tag{7.14}$$

下面我们就来考虑(7.14)左边和右边的两个积分. 对于左边的积分显然有

$$F'(x)\sin x - F(x)\cos x\Big|_0^\pi = F(\pi) + F(0). \tag{7.15}$$

由于 $F(\pi)$，$F(0)\in \mathbf{Z}$，因此(7.14)左边的积分给出一个整数值．接下来我们来分析(7.14)右边的积分．

先从当 $0<x<\pi$，以及 n 充分大时，有

$$0 < f(x)\sin x < \frac{x^n(q-px)^n}{n!} < \frac{x^n q^n}{n!}, \tag{7.16}$$

于是

$$\begin{aligned} 0 < \int_0^\pi f(x)\sin x\,\mathrm{d}x &< \int_0^\pi \frac{x^n q^n}{n!}\mathrm{d}x \\ &= \frac{q^n}{n!}\frac{x^{n+1}}{n+1}\Big|_0^\pi \\ &= \frac{q^n \pi^{n+1}}{(n+1)!} < 1. \end{aligned} \tag{7.17}$$

这说明(7.14)右边的积分 $\int_0^\pi f(x)\sin x\,\mathrm{d}x \in (0,\ 1)$，这就与(7.14)左边的积分取正整数值矛盾了．因此，我们的结论是：π 是一个无理数．在 §14.5 中我们还将证明 π 是一个超越数．

第八章

自然对数的底 e 及其无理性

§8.1 自然对数的底 e 与一些重要的公式

数 e 在初等数学中是随同对数的概念引入的，称为自然对数的底. $e=2.71828\cdots$. 在高等数学中 e 的定义是

$$e=\lim_{n\to\infty}\left(1+\frac{1}{n}\right)^{n}. \tag{8.1}$$

虽然数学家雅各布·贝努利(Jacob Bernoulli, 1654—1705)和德国数学家莱布尼茨都知道这一常数，不过瑞士数学家欧拉是最早广泛研究它的，并在 1727 年用 e 来表示这个数，所以这个数也称为欧拉数.

对于复变量 z，我们定义(参见附录 2)

$$e^{z}=1+\frac{z}{1!}+\frac{z^{2}}{2!}+\cdots, \tag{8.2}$$

$$\sin z=\frac{z}{1!}-\frac{z^{3}}{3!}+\frac{z^{5}}{5!}-\cdots, \tag{8.3}$$

$$\cos z=1-\frac{z^{2}}{2!}+\frac{z^{4}}{4!}-\cdots. \tag{8.4}$$

由此可推出

$$\begin{aligned} e^{iz}&=1+i\frac{z}{1!}-\frac{z^{2}}{2!}-i\frac{z^{3}}{3!}+\frac{z^{4}}{4!}-\cdots\\ &=\cos z+i\sin z,\\ e^{-iz}&=\cos z-i\sin z. \end{aligned} \tag{8.5}$$

这两个公式称为欧拉公式，另外还有

$$
\begin{aligned}
e^{z_1}\cdot e^{z_2} &= \left(1+\frac{z_1}{1!}+\frac{z_1^2}{2!}+\cdots\right)\left(1+\frac{z_2}{1!}+\frac{z_2^2}{2!}+\cdots\right)\\
&= 1+\left(\frac{z_2}{1!}+\frac{z_1}{1!}\right)+\left(\frac{z_2^2}{2!}+\frac{z_1}{1!}\cdot\frac{z_2}{1!}+\frac{z_1^2}{2!}\right)+\cdots+ \\
&\quad\left[\frac{z_2^n}{n!}+\frac{z_2^{n-1}}{(n-1)!}\cdot\frac{z_1}{1!}+\frac{z_2^{n-2}}{(n-2)!}\cdot\frac{z_1^2}{2!}+\cdots+\frac{z_1^n}{n!}\right]+\cdots\\
&= e^{z_1+z_2}.
\end{aligned}\tag{8.6}
$$

其中用到了牛顿二项式,从而对 $e^{z_1}\cdot e^{z_2}$ 的级数表示中的一般项得出了

$$
\begin{aligned}
&\frac{z_2^n}{n!}+\frac{z_2^{n-1}}{(n-1)!}\cdot\frac{z_1}{1!}+\frac{z_2^{n-2}}{(n-2)!}\cdot\frac{z_1^2}{2!}+\cdots+\frac{z_1^n}{n!}\\
&=\frac{1}{n!}\left[z_2^n+\frac{n!}{1!(n-1)!}z_2^{n-1}z_1+\frac{n!}{2!(n-2)!}z_2^{n-2}z_1^2+\cdots+z_1^n\right]\\
&=\frac{(z_1+z_2)^n}{n!}.
\end{aligned}\tag{8.7}
$$

如果令 $z=x+iy$,则由(8.6)可得

$$
e^z=e^{x+iy}=e^x\cdot e^{iy}=e^x(\cos y+i\sin y),\tag{8.8}
$$

以及

$$
e^{i\theta}=\cos\theta+i\sin\theta,\ \theta\in\mathbf{R}.\tag{8.9}
$$

这里的最后一个公式称为棣莫弗公式,这里的 θ 是用弧度制表示的.

§8.2 一些重要的应用

例 8.2.1 在(8.9)中令 $\theta=\pi$,则有 $e^{i\pi}=\cos\pi+i\sin\pi=-1$, 也即 $e^{i\pi}+1=0$. 这个等式称为欧拉魔幻等式,它把数学中重要的五个符号:1, 0, π, e, i 联系在一起了.

例 8.2.2 从 $e^{i\theta_1}\cdot e^{i\theta_2}=e^{i(\theta_1+\theta_2)}$, 有 $(\cos\theta_1+i\sin\theta_1)(\cos\theta_2+i\sin\theta_2)=\cos(\theta_1+\theta_2)+i\sin(\theta_1+\theta_2)$. 由该等式两边的实部相等以及虚部相等,我们分别可以得出三角学中的和差角公式:$\sin(\theta_1+\theta_2)=\sin\theta_1\cos\theta_2+\cos\theta_1\sin\theta_2$, 以及 $\cos(\theta_1+\theta_2)=\cos\theta_1\cos\theta_2-\sin\theta_1\sin\theta_2$. 如果 $\theta_1=\theta_2$,则有二倍角公式:$\sin 2\theta=2\sin\theta\cos\theta$ 及 $\cos 2\theta=\cos^2\theta-\sin^2\theta$.

例 8.2.3 导出多倍角公式.

由 $e^{in\theta}=(\cos\theta+i\sin\theta)^n=\cos n\theta+i\sin n\theta$，对等式左边用牛顿二项式公式展开，再令它的实部等于 $\cos n\theta$，它的虚部等于 $\sin n\theta$，我们就能推导出正弦和余弦的多倍角公式：

$$\begin{aligned}
n=3,\ &\sin 3\theta=3\sin\theta-4\sin^3\theta,\\
&\cos 3\theta=4\cos^3\theta-3\cos\theta,\\
n=4,\ &\sin 4\theta=-4\cos\theta\sin\theta(2\sin^2\theta-1),\\
&\cos 4\theta=1-8\cos^2\theta+8\cos^4\theta,\\
n=5,\ &\sin 5\theta=16\sin^5\theta-20\sin^3\theta+5\sin\theta,\\
&\cos 5\theta=16\cos^5\theta-20\cos^3\theta+5\cos\theta,\\
&\cdots\cdots
\end{aligned}$$

例 8.2.4　由 $e^{i\theta}\cdot e^{-i\theta}=1$，即 $e^{-i\theta}=\dfrac{1}{e^{i\theta}}$，可得 $\cos(-\theta)+i\sin(-\theta)=\dfrac{1}{\cos\theta+i\sin\theta}=\cos\theta-i\sin\theta$. 因此，$\cos(-\theta)=\cos\theta$，$\sin(-\theta)=-\sin\theta$.

例 8.2.5　解 $x^n-1=0$.

令 $x=r\cdot e^{i\theta}$ 为方程的根，则从 $x^n=(re^{i\theta})^n=1$，有 $r^n=1$，$e^{in\theta}=1$. 因此，$r=1$，$\theta=\dfrac{2k\pi}{n}$，$k=0, 1, 2, \cdots, n-1$.

所以 $x^n-1=0$ 的根为 $x=e^{\frac{i2k\pi}{n}}$，$k=0, 1, 2, \cdots, n-1$.

当 $n=2$ 时，$x^2-1=0$ 的根就是 $x=e^{ik\pi}=\cos k\pi+i\sin k\pi$，$k=0, 1$. 于是 $x=\begin{cases}1, & k=0,\\ -1, & k=1.\end{cases}$ 通常我们用 $\sqrt[2]{1}$ 表示 1 的平方正根，即 $\sqrt{1}=1$. $n=3$ 时，$x^3-1=0$ 的根就是 $x=e^{\frac{i2k\pi}{3}}$，当 $k=0, 1, 2$ 时有 $x_1=1$，$x_2=\omega$，$x_3=\omega^2$，其中 $\omega=\dfrac{1}{2}(-1+\sqrt{3}i)$，$\omega^2=\dfrac{1}{2}(-1-\sqrt{3}i)$.

例 8.2.6　计算 i^i.

由 $e^{\frac{i\pi}{2}}=i$，因而 $i^i=e^{-\frac{\pi}{2}}=0.2078\cdots$. 如果取 $-270^\circ=-\dfrac{3\pi}{2}$ 为 i 的幅角，那么就有 $i^i=(e^{\frac{-3\pi i}{2}})^i=e^{\frac{3\pi}{2}}=111.317\cdots$ 由此可见 i^i 也是多值的. 同理，取 i 的幅角为 $\dfrac{\pi}{2}-2k\pi$，$k\in\mathbf{Z}$，则可一般地计算出 $i^i=e^{2k\pi-\frac{\pi}{2}}$.

例 8.2.7　若 $x\in\mathbf{R}$，则从微积分学可知 $(e^x)'=e^x$，以及 $\int e^x dx=e^x+c$.

若$z=x+\mathrm{i}y$,而$\mathrm{e}^z=\mathrm{e}^x(\cos y+\mathrm{i}\sin y)=u(x, y)+\mathrm{i}v(x, y)$,有$u=\mathrm{e}^x\cos y$,及$v=\mathrm{e}^x\sin y$. 容易证明$u$、$v$满足柯西-黎曼条件. 因此$\mathrm{e}^z$是解析函数. 于是,从$x$方向去求导数就有$(\mathrm{e}^z)'=\frac{\partial}{\partial x}(\mathrm{e}^x\cos y)+\mathrm{i}\frac{\partial}{\partial x}(\mathrm{e}^x\sin y)=\mathrm{e}^z$. 这与实函数$\mathrm{e}^x$的求导公式一致.

用i来计算π请参见附录4.

§8.3 欧拉数e是一个无理数

欧拉在1737年证明了e是一个无理数,其后又有许多数学家给出了不同的证明. 下面我们采用e的级数展开式来证明这一点. 为此,我们在(8.2)中令$z=1$,就有

$$\mathrm{e}=1+\frac{1}{1!}+\frac{1}{2!}+\frac{1}{3!}+\cdots. \tag{8.10}$$

例8.3.1 从e的定义(8.1)得出e的级数展开式(8.10).

对于(8.1)中的$\left(1+\frac{1}{n}\right)^n$用牛顿二项式展开就有

$$\begin{aligned}\left(1+\frac{1}{n}\right)^n &= 1+n\cdot\frac{1}{n}+\frac{n(n-1)}{2!}\left(\frac{1}{n}\right)^2+\frac{n(n-1)(n-2)}{3!}\left(\frac{1}{n}\right)^3+\cdots+\left(\frac{1}{n}\right)^n\\ &= 1+\frac{1}{1!}+\frac{1-\frac{1}{n}}{2!}+\frac{\left(1-\frac{1}{n}\right)\left(1-\frac{2}{n}\right)}{3!}+\cdots+\\ &\quad\frac{\left(1-\frac{1}{n}\right)\left(1-\frac{2}{n}\right)\cdots\left(1-\frac{n-1}{n}\right)}{n!}.\end{aligned} \tag{8.11}$$

由此可以得出(参见[3]p32)

$$\lim_{n\to\infty}\left(1+\frac{1}{n}\right)^n=1+\frac{1}{1!}+\frac{1}{2!}+\frac{1}{3!}+\cdots. \tag{8.12}$$

下面我们用反证法证明e是一个无理数. 为此假设$\mathrm{e}=\frac{q}{p}$, $q, p\in\mathbf{N}^*$. 因此,对于任意$n\in\mathbf{N}^*$,有

$$n!\mathrm{e}p=n!q. \tag{8.13}$$

这里引入 $n!$ 显然是针对 e 的级数展开(8.10)中有$\frac{1}{1!}$，$\frac{1}{2!}$，$\frac{1}{3!}$，…这些项的，我们现在来分析(8.13)的左右两边.

(i) (8.13)的右边$n!q$显然是一个正整数.

(ii) 对(8.13)的左边中的 e，用(8.10)代入，并按照上面引入的 n，把 e 的级数分成主项 M_n 与余项 R_n 两部分，即

$$n!p\mathrm{e} = pn!\left(1+\frac{1}{1!}+\frac{1}{2!}+\cdots\right) = pn!(M_n+R_n) = pn!M_n + pn!R_n. \tag{8.14}$$

其中

$$M_n = 1+\frac{1}{1!}+\frac{1}{2!}+\cdots+\frac{1}{n!}, \tag{8.15}$$

$$R_n = \frac{1}{(n+1)!}+\frac{1}{(n+2)!}+\cdots. \tag{8.16}$$

(iii) 由于 $n!M_n$ 是一个正整数，所以 $pn!M_n$ 是一个正整数. 于是如果 $n!p\mathrm{e}$ 是一个正整数的话，那么 $pn!R_n$ 应是一个正整数. 我们来研究是不是这样.

(iv) 由于

$$n!R_n = \frac{1}{n+1}+\frac{1}{(n+1)(n+2)}+\frac{1}{(n+1)(n+2)(n+3)}+\cdots, \tag{8.17}$$

这是一个无穷级数. 不过，考虑到 n 是一个正整数，所以对它的第二项开始的各项有

$$\begin{gathered}\frac{1}{(n+1)(n+2)} < \frac{1}{(n+1)^2},\\ \frac{1}{(n+1)(n+2)(n+3)} < \frac{1}{(n+1)^3},\\ \cdots\cdots\end{gathered} \tag{8.18}$$

于是

$$n!R_n < \frac{1}{n+1}+\frac{1}{(n+1)^2}+\frac{1}{(n+1)^3}+\cdots. \tag{8.19}$$

此式的右边是我们熟知的首项为$\frac{1}{n+1}$,公比为$\frac{1}{n+1}<1$的无穷递缩等比级数,其和为

$$S=\frac{\frac{1}{n+1}}{1-\frac{1}{n+1}}=\frac{1}{n}. \tag{8.20}$$

于是我们有

$$n!R_n<\frac{1}{n}, \tag{8.21}$$

以及

$$pn!R_n<\frac{p}{n}. \tag{8.22}$$

(v) 取$n>p$,则由上式可得

$$0<pn!R_n<1. \tag{8.23}$$

因此$pn!R_n$不是一个正整数,而从(8.14)可知:(8.13)的左边$n!ep$不是一个正整数,这就与(i)相矛盾了. e的无理性证毕.

在证明了π及e的无理性后,人们进而想研究它们是否是有理数域$\mathbf{Q}$上的多项式的根. 对于复数$\alpha\in\mathbf{C}$,如果它是一个有理系数的多项式的根,则称它是一个代数数;否则它则是一个超越数.

例 8.3.2 $\sqrt{2}$是$x^2-2\in\mathbf{Q}[x]$的一个根,因此$\sqrt{2}$是代数数.

例 8.3.3 i是$x^2+1\in\mathbf{Q}[x]$的一个根,因此i是代数数.

例 8.3.4 设$\alpha\in\mathbf{Q}$,则α是$x-\alpha\in\mathbf{Q}[x]$的根,所以任意有理数都是代数数.

例 8.3.5 设$\alpha\in\mathbf{R}$,且α是超越数,那么由例8.3.4可知$\alpha\notin\mathbf{Q}$,所以α必定是无理数.

为了讨论π及e是代数数,还是超越数,我们在下一部分中对多项式以及扩域作一些研究. 这些理论在数学的其他领域中也有重要的应用.

第四部分
有关多项式与扩域的一些理论

在这一部分的第九章中，我们详细地讨论了多项式理论，其中包括多项式的可除性质、多项式可约性的概念、贝祖等式、高斯引理，以及艾森斯坦不可约判据等. 我们还讨论了同样有重要应用的对称多项式基本定理及其推论等.

在这一部分的第十章中，我们详细地讨论了有关代数扩域的一些理论，其中包括代数元、代数元的最小多项式、代数元域，以及重要的单代数扩域.

这一部分引入的概念，证明的各定理以及证明所采用的思想和方法，除了在本书后面有应用之外，在数学的其他领域也有重要应用.

第九章

有关多项式的一些理论

§9.1 数系 S 上的多项式的次数与根

数系 S 上的一个多项式，指的是

$$p(x) = a_n x^n + a_{n-1} x^{n-1} + \cdots + a_1 x + a_0,$$
$$a_i \in S,\ i = 0, 1, \cdots, n. \tag{9.1}$$

若用符号 $S[x]$ 表示 S 上的多项式的全体，我们可将(9.1)表示为 $p(x) \in S[x]$. 若 $n > 0$，且首项系数 $a_n \neq 0$，则称 $p(x)$ 是n 次的；若 $n = 0$，即 $p(x) = a_0$，此时有下列两种情况：(i)$a_0 \neq 0$，即 $p(x)$ 是一个非零常数，此时称 $p(x) = a_0$ 是0 次的；(ii)$a_0 = 0$，即 $p(x) \equiv 0$ 是一个 0 多项式，此时我们不定义它的次数. 当 $p(x)$次数有定义时，我们以符号 $\deg p(x)$来表示它的次数.

若 $a_n = 1$，我们则称 $p(x)$ 是首 1 的. 若存在复数 $\alpha \in \mathbf{C}$，使得 $p(\alpha) = 0$，则称 α 是方程 $p(x) = 0$ 的一个根，也称 α 是多项式 $p(x)$ 的一个根. 一般来说，$p(x) \in S[x]$ 的根 α 并不一定属于 S.

例 9.1.1 $p(x) = x^2 - 2 \in \mathbf{Q}[x]$，是 2 次的，它的根 $\pm\sqrt{2} \notin \mathbf{Q}$.

§9.2 数系 S 上的可约多项式与不可约多项式

设 $p(x) \in S[x]$，且 $\deg p(x) = n \geqslant 1$，那么从代数基本定理 3.4.1，在复数域上有

$$p(x) = a_n(x - \alpha_1)(x - \alpha_2)\cdots(x - \alpha_n), \tag{9.2}$$

其中 $\alpha_1, \alpha_2, \cdots, \alpha_n$ 是 $p(x)$的 n 个根. 一般而言，α_i 不一定属于 S，$i = 1, 2, \cdots, n$.

例 9.2.1 $x^2+2x+3\in\mathbf{Q}[x]$,它有根$-1\pm\sqrt{2}\mathrm{i}$,因此

$$x^2+2x+3=[x-(-1+\sqrt{2}\mathrm{i})]\cdot[x-(-1-\sqrt{2}\mathrm{i})].$$

定义 9.2.1 数系 S 上的一个多项式 $p(x)$ 称为在 S 上是不可约的,如果它不能因式分解为 2 个或 2 个以上的多项式,其中每一个因式都是 S 上的一个非零次多项式,且其次数小于 $\deg p(x)$;否则 $p(x)$ 在 S 上是可约的.

例 9.2.2 S 上的 1 次多项式在 S 上显然是不可约的.

例 9.2.3 例 9.2.1 中的多项式 x^2+2x+3 在 $\mathbf{Z}$ 上是不可约的,在 $\mathbf{Q}$ 上是不可约的(参见定理 9.6.2),在 $\mathbf{R}$ 上也是不可约的,但在 $\mathbf{C}$ 上是可约的.

§9.3 多项式的可除性质

设 F 是一个域, $f(x)=a_nx^n+a_{n-1}x^{n-1}+\cdots+a_0$, $g(x)=b_mx^m+b_{m-1}x^{m-1}+\cdots+b_0\in F[x]$,且 a_n 与 $b_m\neq 0$, $n\geqslant m$. 若取 $c=\dfrac{a_n}{b_m}\in F$,则因为 $f(x)-cx^{n-m}g(x)$ 中的首项的系数为零,所以或者 $\deg(f(x)-cx^{n-m}g(x))<n$,或者 $f(x)-cx^{n-m}g(x)$ 是一个 0 多项式. 于是有

引理 9.3.1 设 $f(x)$, $g(x)\in F[x]$,且 $\deg f(x)=n\geqslant\deg g(x)=m$,则存在 $c\in F$,使得

$$f(x)-cx^{n-m}g(x) \tag{9.3}$$

或是一个 0 多项式,或是一个次数小于 n 的多项式.

定理 9.3.1(多项式的可除定理) 设 $f(x)$, $g(x)\neq 0$ 是 F 上的两个多项式,则存在 $q(x)$, $r(x)\in F[x]$,使得

$$f(x)=q(x)g(x)+r(x), \tag{9.4}$$

其中或者 $r(x)\equiv 0$,或者 $\deg r(x)<\deg g(x)$.

在(9.4)中,我们把 $q(x)$ 称为商式,而 $r(x)$ 称为余式.

下面我们按 $f(x)$ 的每一种情况来证明这一定理.

(i) $f(x)\equiv 0$,或者 $\deg f(x)<\deg g(x)$. 此时取 $q(x)\equiv 0$, $r(x)=f(x)$,定理成立.

(ii) $f(x)$ 的其他情况,即 $\deg f(x)\geqslant 0$,以及 $\deg f(x)=n\geqslant\deg g(x)=m$. 此时我们固定 $g(x)$,对所有 $f(x)$, $\deg f(x)=n\geqslant m$ 用归纳法证明

定理.

(iii) 若 $\deg f(x)=0$,那么由 $g(x)\neq 0$,以及 $\deg f(x)=0\geqslant \deg g(x)=m$,则有 $m=0$. 因此 $f(x)=a_0$, $g(x)=b_0$, $a_0\neq 0$, $b_0\neq 0$,于是取 $q(x)=\frac{a_0}{b_0}$, $r(x)=0$, 定理成立.

(iv) 假定定理对所有的 $f(x)$, $\deg f(x)=1, 2, \cdots, n-1$ 成立. 现设 $\deg f(x)=n$, 则由引理 9.3.1 可知存在 $c\in F$, 使得

$$f_1(x)=f(x)-cx^{n-m}g(x). \tag{9.5}$$

其中或有 $f_1(x)\equiv 0$,或有 $\deg f_1(x)\leqslant n-1$. 若有第一种情况,则由(i)已证明的,以及若有第二种情况,则按归纳法所假定的,我们都能得出存在$q_1(x)$与 $r(x)$满足

$$f_1(x)=q_1(x)g(x)+r(x). \tag{9.6}$$

这里 $r(x)\equiv 0$,或 $\deg r(x)<\deg g(x)$. 于是综合(9.5), (9.6). 最后有

$$\begin{aligned} f(x) &= f_1(x)+cx^{n-m}g(x) \\ &= [cx^{n-m}+q_1(x)]g(x)+r(x). \end{aligned} \tag{9.7}$$

于是取 $q(x)=cx^{n-m}+q_1(x)$, 归纳法证明就完成了.

例 9.3.1 设 $f(x)=2x^3+x^2-x+1$, $g(x)=2x-1\in \mathbf{Q}[x]$,则有 $q(x)=x^2+x$, $r(x)=1$, 满足 $2x^3+x^2-x+1=(x^2+x)(2x-1)+1$.

§9.4 多项式的因式、公因式与最大公因式

定义 9.4.1 对于 $f(x)$, $g(x)\in S[x]$,若存在 $h(x)\in S[x]$,使得 $f(x)=g(x)h(x)$,则称 $g(x)$ 整除 $f(x)$,或 $f(x)$ 被 $g(x)$ 整除. 此时 $g(x)$ 是 $f(x)$ 的一个因式,记作 $g(x)\mid f(x)$. 如果 $g(x)$ 不是 $f(x)$ 的一个因式,即不存在 $h(x)\in S[x]$,使得 $f(x)=g(x)h(x)$,则记作 $g(x)\nmid f(x)$.

例 9.4.1 任何多项式都能被任意 0 次多项式(参见 §9.1)整除,即能被数系 S 中不为零的数整除.

例 9.4.2 对任意 $c\in F$, $c\neq 0$,由 $f(x)=c^{-1}\cdot[cf(x)]$, 有

$$cf(x)\mid f(x).$$

例 9.4.3 若 $f(x) \mid g(x)$，且 $g(x) \mid f(x)$，则 $f(x)=cg(x)$, $c \in S$, $c \neq 0$.

定义 9.4.2 设 F 是域，且 $f(x)$, $g(x) \in F[x]$，若存在 $h(x) \in F[x]$，它既是 $f(x)$ 的一个因式，又是 $g(x)$ 的一个因式，则称 $h(x)$ 是 $f(x)$, $g(x)$ 的一个公因式；若 $f(x)$、$g(x)$ 的公因式 $d(x)$，对 $f(x)$、$g(x)$ 的任意公因式 $c(x)$ 都有 $c(x) \mid d(x)$，则称 $d(x)$ 是 $f(x)$、$g(x)$ 的一个最大公因式.

例 9.4.4 对于任意 $a(x)$, $b(x) \in F[x]$，总有 0 次多项式为其公因式. 再者，若 $c(x)$ 是它们的一个公因式，则 $k \cdot c(x)$, $k \in F$, $k \neq 0$，也是它们的一个公因式.

例 9.4.5 设 $d(x)$、$d_1(x)$ 是 $a(x)$、$b(x)$ 的两个最大公因式，则 $d_1(x) \mid d(x)$, $d(x) \mid d_1(x)$. 于是由例 9.4.3 可得 $d_1(x)=cd(x)$, $c \in F$, $c \neq 0$. 因此，如果要求最大公因式的首项系数为 1，那么它就是唯一确定的.

§9.5 多项式的互素与贝祖等式

定义 9.5.1 设 $f(x)$, $g(x) \in F[x]$，若 $f(x)$、$g(x)$ 除 0 次多项式以外，不再有其他公因式，则称它们在 F 上是互素的.

换句话说，设 $d(x)$ 是 $f(x)$、$g(x)$ 的最大公因式，则当且仅当 $\deg d(x)=0$ 时，$f(x)$、$g(x)$ 是互素的. 下面我们证明关于两个互素的多项式的贝祖等式.

定理 9.5.1(贝祖等式) 设 $f(x)$, $g(x) \in F[x]$，都不是 0 多项式，且它们在 F 上互素，那么存在 $s_0(x)$, $t_0(x) \in F[x]$，使得

$$1=s_0(x)f(x)+t_0(x)g(x). \tag{9.8}$$

为了证明这一定理，定义 $T=\{s(x)f(x)+t(x)g(x) \neq 0 \mid s(x),\ t(x) \in F[x]\}$. 因为 $f(x)$, $g(x) \in T$. 所以 T 不是空集. 我们在 T 中选取一个次数最低的多项式，记为 $d(x)=s_1(x)f(x)+t_1(x)g(x)$. 可能会有 $\deg d(x)=0$ 这一情况，即这一个次数最低的多项式是一个不等于零的常数. 下面我们证明：在定理的条件下，确实是这一情况.

(i) 对于 $f(x)$ 以及这一个 $d(x)$，由多项式的可除定理 9.3.1，可知存在 $q(x)$, $r(x) \in F[x]$，使得

$$f(x)=q(x)d(x)+r(x), \tag{9.9}$$

这里 $\deg r(x) < \deg d(x)$，或者 $r(x) \equiv 0$.

(ii) 如果有 $\deg r(x) < \deg d(x)$ 这一情况，则从

$$\begin{aligned} r(x) &= f(x) - q(x)d(x) \\ &= f(x) - q(x)[s_1(x)f(x) + t_1(x)g(x)] \\ &= [1 - q(x)s_1(x)]f(x) - q(x)t_1(x)g(x) \end{aligned} \tag{9.10}$$

可知 $r(x) \in T$. 这就与 $d(x)$ 是 T 中次数最低的多项式这一点矛盾了.

(iii) 因此只能有 $r(x) \equiv 0$ 这一情况. 于是由(9.9)即有 $f(x) = q(x)d(x)$. 类似地，我们也能得出：存在 $p(x) \in F(x)$，使得 $g(x) = p(x)d(x)$. 这样一来，$d(x)$ 就是互素的 $f(x)$ 与 $g(x)$ 的公因式. 因此，$d(x)$ 必定是一个不为零的常数 d.

(iv) 从 $d = s_1(x)f(x) + t_1(x)g(x)$，有

$$\begin{aligned} 1 &= \frac{s_1(x)}{d}f(x) + \frac{t_1(x)}{d}g(x) \\ &= s_0(x)f(x) + t_0(x)g(x), \end{aligned} \tag{9.11}$$

其中 $s_0(x) = \dfrac{s_1(x)}{d}$，$t_0(x) = \dfrac{t_1(x)}{d}$. 定理得证.

例 9.5.1 $x+1 \in \mathbf{Q}[x]$ 的根 $x = -1$ 不是 $x^3 - 2 \in \mathbf{Q}[x]$ 的根，因此它们互素(参见(3.14)). 此时不难得出 $1 = -\dfrac{1}{3}(x^3 - 2) + \dfrac{x^2 - x + 1}{3}(x+1)$. (参见[16] § 9.4)

贝祖(Étienne Bézout, 1730—1783)是法国数学家. 定理 9.5.1 除了称为贝祖(恒)等式外，也称为贝祖引理，最初是对整数而言的：

设 a、b 是两个非零整数，且 d 是它们的最大公因数，则存在整数 x 和 y，使得 $ax + by = d$. (参见[16] § 4.3)

§ 9.6　贝祖等式的一些应用以及多项式因式分解定理

定理 9.6.1 设 F 是一个域，而 $f(x)$，$g(x)$，$h(x) \in F[x]$，如果 $f(x)$ 在 F 上不可约，且 $f(x) \mid g(x)h(x)$，那么 $f(x) \mid g(x)$，或 $f(x) \mid h(x)$.

这是因为若 $f(x) \nmid g(x)$，那么因为 $f(x)$ 是不可约的，所以 $f(x)$ 和 $g(x)$ 就互素了. 于是按贝祖等式，就存在 $u(x)$，$v(x) \in F[x]$，使得 $1 = u(x)f(x) +$

$v(x)g(x)$. 据此有 $h(x)=u(x)f(x)h(x)+v(x)g(x)h(x)$. 因此, $f(x)\mid h(x)$. 定理得证.

更一般地有:

推论 9.6.1 设 $p(x), q_1(x), \cdots, q_n(x)\in F[x]$, 且 $p(x)$ 在 F 上不可约, 那么从 $p(x)\mid q_1(x)q_2(x)\cdots q_n(x)$ 能得出对某一个 $i(1\leqslant i\leqslant n)$, 有 $p(x)\mid q_i(x)$.

定理 9.6.2(因式分解定理) 设 $p(x)=a_nx^n+\cdots+a_0\in F[x]$, 且 $\deg p(x)\geqslant 1$, 则有

$$p(x)=a_np_1(x)\cdots p_r(x), \tag{9.12}$$

其中 $p_i(x), i=1, 2, \cdots, r$ 是 F 上的首 1 的不可约多项式. 这种因式分解除各因式的次序外是唯一确定的.

我们先用数学归纳法证明因式分解的存在性. 首先, 一次多项式不可约. 假定结论对次数小于 n 的多项式成立, 那么对次数等于 n 的多项式 $p(x)$ 来说, 如果 $p(x)$ 是不可约的, 那么结论已经成立. 如果 $p(x)$ 可约, 那么有次数都小于 n 的多项式 $p_1(x)$ 和 $p_2(x)$, 使得

$$p(x)=p_1(x)p_2(x).$$

由归纳假设, $p_1(x)$ 和 $p_2(x)$ 都可以分解成不可约多项式的乘积, 从而就使 $p(x)$ 分解成了一些不可约多项式的乘积. 这样, 结论就对任意次数的多项式成立, 即所有多项式都可以分解成不可约多项式的乘积.

下面证明(9.12)因式分解的唯一性. 假定 $p(x)$ 有两种上述的因式分解方式, 即

$$\begin{aligned} p(x) &= a_np_1(x)p_2(x)\cdots p_s(x) \\ &= a_nq_1(x)q_2(x)\cdots q_t(x). \end{aligned} \tag{9.13}$$

这里 $p_i(x)$、$q_j(x)(i=1, 2, \cdots, s, j=1, 2, \cdots, t)$ 是不可约的. 因为 $p_1(x)\mid p_1(x)p_2(x)\cdots p_s(x)$, 所以有 $p_1(x)\mid q_1(x)q_2(x)\cdots q_t(x)$. 这样, 根据推论9.6.1可知有 $q_k(x)$, 满足 $p_1(x)\mid q_k(x)$. 考虑到 $p_1(x)$ 与 $q_k(x)$ 都是不可约的, 且都是首 1 的, 就有 $p_1(x)=q_k(x)$. 然后, 我们在(9.13)的右边上式中消去 $p_1(x)$, 右边下式中消去 $q_k(x)$, 就得出

$$p_2(x)p_3(x)\cdots p_s(x)=q_1(x)q_2(x)\cdots q_{k-1}(x)q_{k+1}(x)\cdots q_t(x). \tag{9.14}$$

于是同样在上式的两边可消去 $p_2(x)$，…. 由此得出 $s=t$，且 $p_1(x)$，…，$p_s(x)$与 $q_1(x)$，…，$q_s(t)$必定是相同的，两者的差别仅可能在次序上. 定理的唯一性得证.

今后，当我们对多项式在域 F 上进行因式分解时，如果其中的每一个因式都是 F 上不可约的，我们就用到了这个定理所表明的存在性与唯一性.

例 9.6.1 $3x^4-3x^2-6$ 在 $\mathbf{Q}$ 上分解为 $3(x^2-2)(x^2+1)$；在 $\mathbf{R}$ 上分解为 $3(x+\sqrt{2})(x-\sqrt{2})(x^2+1)$；在 $\mathbf{C}$ 上分解为 $3(x+\sqrt{2})(x-\sqrt{2})(x+\mathrm{i})(x-\mathrm{i})$.

§9.7 高斯引理

定义 9.7.1 $f(x)\in\mathbf{Z}[x]$称为本原多项式，如果其全体系数除了 ±1 之外，没有任何其他公因数.

例 9.7.1 x^3+5，$3x^2+7x-13\in\mathbf{Z}[x]$ 都是本原多项式.

例 9.7.2 两个本原多项式 x^3+5 与 $3x^2+7x-13$ 的乘积 $(x^3+5)\cdot(3x^2+7x-13)=3x^5+7x^4-13x^3+15x^2+35x-65$ 是一个本原多项式.

例 9.7.2 是下列引理的一个特例.

引理 9.7.1(高斯引理) 本原多项式的乘积也是一个本原多项式.

为了证明这一引理，我们设 $f(x)=a_nx^n+\cdots+a_0$，以及 $g(x)=b_mx^m+\cdots+b_0$ 是两个本原多项式，而 $h(x)=f(x)g(h)=c_kx^k+\cdots+c_0$. 下面我们用反证法来证明 $h(x)$也是本原多项式.

假定 $h(x)$不是本原的，因此 c_0，c_1，…，c_k 都可被某一素数 p 整除. 不过，$f(x)$与 $g(x)$都是本原的，故它们的系数 a_0，a_1，…，a_n，b_0，b_1，…，b_m 不能都被 p 整除. 设 a_i 是 a_0，a_1，…，a_n 中第一个不能被 p 整除的系数，而 b_j 是 b_0，b_1，…，b_m 中第一个不能被 p 整除的系数. 我们考虑 $h(x)$中 x^{i+j} 的系数 c_{i+j}(参见例 6.6.2)：

$$c_{i+j}=(a_0b_{i+j}+\cdots+a_{i-1}b_{j+1})+a_ib_j+[a_{i+1}b_{j-1}+\cdots+a_{i+j}b_0]. \tag{9.15}$$

由于 p 能整除 a_0，a_1，…，a_{i-1}，b_0，b_1，…，b_{j-1}，所以 p 能整除(9.15)中圆括号里的各项，并且能整除(9.15)中方括号里的各项. 再从 $p|c_{i+j}$，这样由(9.15)就推出 $p|a_ib_j$. 忆及 p 是素数，这就有 $p|a_i$，或 $p|b_j$(参见[16]§3.3).

于是这就产生了与我们选取的 a_i、b_j 的矛盾. 高斯引理证毕.

§9.8 整系数多项式的可约性性质

对于任意 $f(x) \in \mathbf{Q}[x]$,我们都能把它与一个本原多项式 $\bar{f}(x)$关联起来:

定理 9.8.1 任意 $f(x) \in \mathbf{Q}[x]$, $f(x) \neq 0$,都可唯一地表示为 $f(x) = c\bar{f}(x)$,其中 $c \in \mathbf{Q}$, $c > 0$,且 $\bar{f}(x)$ 是一个本原多项式.

下面我们针对 $f(x) = a_n x^n + \cdots + a_0 \in \mathbf{Q}[x]$, $a_i \in \mathbf{Q}$, $i = 0, 1, \cdots, n$,构造 $\bar{f}(x)$: 令 c 是所有分数 a_i 的最大公分母,而有 $a_i = \dfrac{b_i}{c}$, $b_i \in \mathbf{Z}$, $i = 0, 1, \cdots, n$. 于是有

$$f(x) = \frac{1}{c}(b_n x^n + b_{n-1}x^{n-1} + \cdots + b_0). \tag{9.16}$$

接下来设 d 是 $b_0, b_1, \cdots, b_n$ 的正值最大公因数,而令

$$f(x) = \frac{d}{c}\bar{f}(x), \tag{9.17}$$

其中 $\dfrac{d}{c} \in \mathbf{Q}$, $\dfrac{d}{c} > 0$, 而 $\bar{f}(x)$则是一个本原多项式. 关于(9.17)表示法的唯一性,则可如下证明: 设

$$f(x) = \frac{q}{p}f_1(x) = \frac{t}{s}f_2(x), \tag{9.18}$$

其中 $q, p, s, t \in \mathbf{N}^*$,而 $f_1(x)$与 $f_2(x)$都是本原多项式. 于是有

$$sqf_1(x) = ptf_2(x), \tag{9.19}$$

这个等式的两边都是整系数多项式,然而左边的各系数有最大公因数 sq,而右边的各系数有最大公因数 pt. 因此 $sq = pt$,以及随之有 $f_1(x) = f_2(x)$.

例 9.8.1 $2x^2+19x+35$ 可以看成是 $\mathbf{Z}[x]$上的多项式,也可以看成是 $\mathbf{Q}[x]$上的多项式. $2x^2+19x+35 = 2\left(x^2 + \frac{19}{2}x + \frac{35}{2}\right)$,而 $x^2+\frac{19}{2}x+\frac{35}{2}$ 的根为 -7 与 $-\frac{5}{2}$. 因此有 $2x^2+19x+35 = 2(x+7)\left(x+\frac{5}{2}\right) = (x+7)(2x+5)$. 因此

可以认为 $2x^2+19x+35$ 在 $\mathbf{Z}$ 上也是可约的.

利用定理 9.8.1,我们能证明下列一般的定理:

定理 9.8.2(高斯定理)　设 $f(x)\in\mathbf{Z}[x]$, $\deg f(x)>1$, $f(x)$ 在 $\mathbf{Q}$ 上是可约的,当且仅当它能分解为两个整系数多项式的乘积.

事实上,如果 $f(x)$ 在 $\mathbf{Z}$ 上能分解成两个整系数多项式的乘积,那么由于 $\mathbf{Z}\subset\mathbf{Q}$, $f(x)$ 在 $\mathbf{Q}$ 上当然也是可约的. 反过来,假定 $f(x)$ 在 $\mathbf{Q}$ 上是可约的,我们来证明它在 $\mathbf{Z}$ 上也是可约的.

根据假定 $f(x)=g(x)h(x)$,其中 $g(x)$ 与 $h(x)\in\mathbf{Q}[x]$. 由定理 9.8.1 有 $g(x)=a\bar{g}(x)$, $h(x)=b\bar{h}(x)$,其中 a, $b\in\mathbf{Q}$, a, $b>0$,且 $\bar{g}(x)$, $\bar{h}(x)$ 是本原多项式. 于是 $f(x)=ab\bar{g}(x)\bar{h}(x)$. 由高斯引理 9.7.1 可知 $\bar{g}(x)\bar{h}(x)$ 是一个本原多项式. 再由 $f(x)\in\mathbf{Z}[x]$;以及 $\bar{g}(x)\bar{h}(x)\in\mathbf{Z}[x]$,可知 $ab\in\mathbf{Z}$. 于是,我们最后有 $f(x)=[(ab)\bar{g}(x)]\bar{h}(x)$. 这样就得出了 $f(x)$ 在 $\mathbf{Z}$ 上的一个因式分解. 定理证毕.

例 9.8.2　$f(x)=x^2-\frac{3}{2}x+\frac{1}{2}\in\mathbf{Q}[x]$,在 $\mathbf{Q}$ 上是可约的,因为有 $f(x)=(x-1)\left(x-\frac{1}{2}\right)$. 但 $f(x)$ 在 $\mathbf{Z}$ 上不可约. 这是因为 $f(x)$ 不是整系数多项式,即 $f(x)\notin\mathbf{Z}[x]$. 但对 $g(x)=2f(x)=2x^2-3x+1$ 就有 $g(x)=(x-1)\cdot(2x-1)$.

定理 9.8.2 首先由高斯在 1801 年得出,这是他的名著《算术研究》中的第 42 款,也有人把这一定理称为高斯引理. 在下一节中我们将研究高斯的学生——德国数学家艾森斯坦(Ferdinard Gotthold Max Eisenstein, 1823—1852)的一项重要工作.

§9.9　艾森斯坦不可约判据

定理 9.9.1　(艾森斯坦不可约判据)设 p 是一个素数, $f(x)=a_nx^n+\cdots+a_0\in\mathbf{Z}[x]$,且 $p\mid a_i$, $i=0,1,2,\cdots,n-1$,而 $p\nmid a_n$, $p^2\nmid a_0$,那么 $f(x)$ 在 $\mathbf{Q}$ 上是不可约的.

我们用反证法,即假定 $f(x)$ 在 $\mathbf{Q}$ 上是可约的. 于是根据定理 9.8.2, $f(x)$ 在 $\mathbf{Z}$ 上就可约了. 因此有

$$f(x)=(b_mx^m+\cdots+b_0)(c_kx^k+\cdots+c_0),\tag{9.20}$$

其中 $b_i, c_j \in \mathbf{Z}, i=0, 1, \cdots, m; j=0, 1, \cdots, k$.

(i) 先有 $m+k=n$，因此 $m, k<n$. 再从 $a_0=b_0c_0$，以及 $p^2 \nmid a_0$，所以 $p|b_0$ 及$p|c_0$ 不能同时成立. 但是按假设 $p|a_0$，所以 $p|b_0$，$p|c_0$ 只能有一个成立. 不失一般性，我们假定 $p \nmid b_0$，而 $p|c_0$.

(ii) 由 $a_n=b_mc_k$，以及 $p \nmid a_n$，可知 $p \nmid c_k$. 考虑 $c_0, c_1, \cdots, c_k$ 这一序列. 因为 $p \nmid c_k$，因此必定存在一个最小值 r，$r \leqslant k$，使得 $p \mid c_i$，$i=0, 1, \cdots, r-1$，而 $p \nmid c_r$.

(iii) 对于这个 r. 由多项式的乘法可知，$f(x)$中 x^r 的系数

$$a_r=b_0c_r+b_1c_{r-1}+\cdots+b_rc_0, \tag{9.21}$$

其中的 b_0c_r，由于 $p \nmid b_0$，$p \nmid c_r$，所以 $p \nmid b_0c_r$(参见[16] § 3.3).

但其中的 $b_1c_{r-1}, \cdots, b_rc_0$ 由(ii)可知都可以被 p 整除. 由此推出 $p \nmid a_r$.

(iv) 由 $r \leqslant k$，且 $k<n$，那么 $p \nmid a_r$，就与定理的条件 $p \mid a_i$，$i=0, 1, 2, \cdots, n-1$ 矛盾了. 定理证毕.

当然，根据我们的证明，这是判定 $\mathbf{Z}$ 上多项式不可约性的一个充分条件. 不过，它有一些重要的应用，下面我们举例来说明.

例 9.9.1 $f(x)=2x^5+15x^4+9x^3+3$ 在 $\mathbf{Q}$ 上是不可约的，这是因为存在 $p=3$，能满足判据定理的要求.

例 9.9.2 设 p 是任意素数，则 $f(x)=x^5-p^2x+p$ 在 $\mathbf{Q}$ 上是不可约的，这是因为 p 本身就能满足判据定理的要求.

有时并不能直接应用艾森斯坦判据来判定 $f(x) \in \mathbf{Z}[x]$在 $\mathbf{Q}$ 上不可约. 我们转而考虑多项式 $f(x+1)$. 能这样做的原因是：$f(x+1)=g(x)h(x)$，当且仅当 $f(x)=g(x-1)h(x-1)=\bar{g}(x)\bar{h}(x)$，其中 $\bar{g}(x)=g(x-1)$，$\bar{h}(x)=h(x-1)$.

这也是说，$f(x+1)$ 在 $\mathbf{Q}$ 上是可约的，其充要条件是 $f(x)$在 $\mathbf{Q}$ 上是可约的. 因此，$f(x)$在 $\mathbf{Q}$ 上是不可约的，当且仅当 $f(x+1)$在 $\mathbf{Q}$ 上也是不可约的.

例 9.9.3 设 p 是一个素数，则第 p 个分圆多项式是 $\Phi_p(x)=x^{p-1}+x^{p-2}+\cdots+1$ (参见[9] § 4.6). 证明 $\Phi_p(x)$在 $\mathbf{Q}$ 上是不可约的.

令 $f(x)=x^{p-1}+x^{p-2}+\cdots+1$，有 $f(x)=\dfrac{x^p-1}{x-1}$，而 $f(x+1)=\dfrac{(x+1)^p-1}{(x+1)-1}=\dfrac{(x+1)^p-1}{x}=x^{p-1}+p(x^{p-2}+\cdots)+p$.

此时素数 p 本身就能满足不可约判据的要求. 因此 $f(x+1)$ 在 $\mathbf{Q}$ 上不可约，从而 $f(x)$ 在 $\mathbf{Q}$ 上也不可约.

例 9.9.4　设 p 是一个素数，$f(x)=\dfrac{x^{p^2}-1}{x^p-1}=x^{p(p-1)}+x^{p(p-2)}+\cdots+x^p+1$. 此时 $f(x+1)=x^{p(p-1)}+pq(x)$，其中 $q(x)\in\mathbf{Z}[x]$，且它的常数项为 1.

采用素数 p 本身，而对 $f(x+1)$ 应用艾森斯坦判据，不难得出 $f(x+1)$ 在 $\mathbf{Q}$ 上不可约. 因此 $f(x)$ 在 $\mathbf{Q}$ 上也不可约.

例 9.9.5　证明多项式 $f(x)=8x^3-6x-1$ 在 $\mathbf{Q}$ 上是不可约的.

考虑 $f\left(\dfrac{1}{2}(y+1)\right)=y^3+3y^2-3$. 于是不难看出，当 $p=3$ 时，$f\left(\dfrac{1}{2}(y+1)\right)$ 满足不可约判据. 从而 $f(x)$ 在 $\mathbf{Q}$ 上是不可约的.

§9.10　多元多项式与对称多项式

前面讨论的 $f(x)\in F[x]$ 是域 F 上的一个一元多项式，因为此时只有一个变元 x. 下面我们要讨论 n 个独立变元 $x_1, x_2, \cdots, x_n$ 在 F 上的 **n 元多项式**. 这指的是具有下列形式的一个多项式

$$g(x_1, x_2, \cdots, x_n)=\sum_{i_1, i_2, \cdots, i_n} a_{i_1, i_2, \cdots, i_n} x_1^{i_1} x_2^{i_2} \cdots x_n^{i_n}, \tag{9.22}$$

其中所有的 $a_{i_1, i_2, \cdots, i_n}\in F$，而所有的指数 $i_1, i_2, \cdots, i_n\in\mathbf{N}$.

式中 $i_1+i_2+\cdots+i_n$ 的最大值称为 $g(x_1, x_2, \cdots, x_n)$ 的**次数**，记作 $\deg g(x_1, x_2, \cdots, x_n)$.

例 9.10.1　$\dfrac{1}{7}x_2^2x_3+x_2x_3+x_1x_3+3x_1$，是 $\mathbf{Q}$ 上的一个 3 元 3 次多项式.

我们说 3 元 3 次多项式 $f(x_1, x_2, x_3)=x_1^2x_2+x_1^2x_3+x_2^2x_1+x_2^2x_3+x_3^2x_1+x_3^2x_2$ 是对称的，这是指 x_1, x_2, x_3 在其中的“地位”是一样的. 更精确地，有

定义 9.10.1　如果域 F 上的一个 n 元多项式 $f(x_1, x_2, \cdots, x_n)$ 在 $x_1, x_2, \cdots, x_n$ 的任一置换下都不变，即

$$f(x_{i_1}, x_{i_2}, \cdots, x_{i_n})=f(x_1, x_2, \cdots, x_n), \tag{9.23}$$

其中 $x_{i_1}, x_{i_2}, \cdots, x_{i_n}$ 是 $x_1, x_2, \cdots, x_n$ 的任意一个排列,那么称 $f(x_1, x_2, \cdots, x_n)$ 是关于变元 $x_1, x_2, \cdots, x_n$ 的一个对称多项式.

例 9.10.2 $f(x_1, x_2) = x_1^4 + x_2^4 + 2x_1^2 x_2 + 2x_2^2 x_1 + \frac{1}{2}$,以及 $f(x_1, x_2, x_3) = x_1 + x_2 + x_3 + x_1 x_2 x_3 + 4$ 都是对称多项式. 而例 9.10.1 中的多项式不是对称多项式.

§9.11 初等对称多项式

设 X 是除 $x_1, x_2, \cdots, x_n$ 外的另一个变元,我们通过下列首 1 多项式来定义 $\sigma_1, \sigma_2, \cdots, \sigma_n$:

$$\begin{aligned} f(X) &= (X - x_1)(X - x_2)\cdots(X - x_n) \\ &= X^n - \sigma_1 X^{n-1} + \sigma_2 X^{n-2} - \cdots + (-1)^n \sigma_n. \end{aligned} \tag{9.24}$$

不难得出

$$\begin{aligned} &\sigma_1 = x_1 + x_2 + \cdots + x_n, \\ &\sigma_2 = x_1x_2 + x_1x_3 + \cdots + x_1x_n + x_2x_3 + \cdots + x_{n-1}x_n, \\ &\cdots\cdots \\ &\sigma_j = \text{所有的 } x_{i_1}x_{i_2}\cdots x_{i_j} \text{ 的和,其中 } i_1 < i_2 < \cdots < i_j, \\ &\cdots\cdots \\ &\sigma_n = x_1x_2\cdots x_n. \end{aligned} \tag{9.25}$$

例 9.11.1 当 $n = 2$,从 $f(X) = (X - x_1)(X - x_2) = X^2 - (x_1 + x_2)X + x_1x_2$ 有 $\sigma_1 = x_1 + x_2$, $\sigma_2 = x_1x_2$,当 $n = 3$,从 $f(X) = (X - x_1)(X - x_2)(X - x_3) = X^3 - (x_1 + x_2 + x_3)X^2 + (x_1x_2 + x_1x_3 + x_2x_3)X - x_1x_2x_3$ 有 $\sigma_1 = x_1 + x_2 + x_3$, $\sigma_2 = x_1x_2 + x_1x_3 + x_2x_3$, $\sigma_3 = x_1x_2x_3$.

例 9.11.2 在 $n = 3$ 时的 $\sigma_1, \sigma_2, \sigma_3$ 中令 $x_3 = 0$, 则可得出 $n = 2$ 时的 σ_1 及 σ_2.

很明显,(9.25)中的 $\sigma_1, \sigma_2, \cdots, \sigma_n$ 都是 $x_1, x_2, \cdots, x_n$ 的对称多项式. 我们把它们称为 $x_1, x_2, \cdots, x_n$ 的初等对称多项式.

如果把 $x_1, x_2, \cdots, x_n$ 看成是首 1 多项式 $f(X) = (X - x_1)\cdots(X - x_n)$ 的根,那么(9.24)与(9.25)就把初等对称多项式与根和系数的关系联系起来了.

§9.12 对称多项式的基本定理

例 9.12.1 对 $f(x_1, x_2)=x_1^2+x_2^2$,有 $f(x_1, x_2)=(x_1+x_2)^2-2x_1x_2=\sigma_1^2-2\sigma_2$. 于是存在 $g(x_1, x_2)=x_1^2-2x_2$,使得 $f(x_1, x_2)=g(\sigma_1, \sigma_2)$.

例 9.12.2 对 $f(x_1, x_2)=x_1^3+x_2^3$,有 $f(x_1, x_2)=(x_1+x_2)^3-3(x_1x_2)(x_1+x_2)=\sigma_1^3-3\sigma_2\sigma_1$. 此时存在多项式 $g(x_1, x_2)=x_1^3-3x_1x_2$,使得 $f(x_1, x_2)=g(\sigma_1, \sigma_2)$.

一般地,我们有

定理 9.12.1(对称多项式基本定理) 设 $f(x_1, x_2, \cdots, x_n)$是域 F 上关于 n 个元 $x_1, x_2, \cdots, x_n$ 的一个对称多项式,那么存在 F 上唯一的多项式 $g(x_1, x_2, \cdots, x_n)$使得

$$f(x_1, x_2, \cdots, x_n)=g(\sigma_1, \sigma_2, \cdots, \sigma_n), \tag{9.26}$$

其中 $\sigma_1, \sigma_2, \cdots, \sigma_n$ 是 $x_1, x_2, \cdots, x_{n-1}, x_n$ 的初等对称多项式.

定理 9.12.1 的另一种表述就是:任意一个关于变元 $x_1, x_2, \cdots, x_n$ 的对称多项式都可以表示为初等对称式 $\sigma_1, \sigma_2, \cdots, \sigma_n$ 的一个多项式.

这个定理可以用"构造"方法来证明,即具体地把 $g(x_1, \cdots, x_n)$构造出来(参见[16]§12.3). 下面我们采用数学归纳法来证明,这种方法比较简洁一些,当然也得"花些力气".

(i) 我们先对变元的个数用归纳法. 当 $n=1$,定理是浅显的. 于是假定定理对于少于以及等于 $n-1$ 个变元的对称多项式成立. 在从 $n-1$ 到 n 的归纳步骤中,将再用对多项式的次数进行归纳来完成.

(ii) 对次数为零的多项式,这一情况是浅显的. 假定定理在 n 个变元,次数小于 m 的多项式情况下成立. 设 f 是 n 个变元的,次数为 m 的一个对称多项式. 由此定义下列 $n-1$ 个变元的多项式 $\bar{f}$:

$$\bar{f}(x_1, x_2, \cdots, x_{n-1})=f(x_1, x_2, \cdots, x_{n-1}, 0), \tag{9.27}$$

于是从 $\bar{f}(x_1, x_2, \cdots, x_{n-1})$是对称的,按(i)中的假设就有

$$\bar{f}(x_1, x_2, \cdots, x_{n-1})=g(\bar{\sigma}_1, \bar{\sigma}_2, \cdots, \bar{\sigma}_{n-1}), \tag{9.28}$$

其中 $\bar{\sigma}_1, \bar{\sigma}_2, \cdots, \bar{\sigma}_{n-1}$是 $n-1$ 个元 $x_1, x_2, \cdots, x_{n-1}$的初等对称多项式.

(iii) 注意到(参见例 9.11.2)

$$\bar{\sigma}_i(x_1, x_2, \cdots, x_{n-1}) = \sigma_i(x_1, x_2, \cdots, x_{n-1}, 0). \tag{9.29}$$

再定义下列 n 个元的多项式 $h(x_1, x_2, \cdots, x_n)$:

$$h(x_1, x_2, \cdots, x_n) = f(x_1, x_2, \cdots, x_n) - g(\sigma_1, \sigma_2, \cdots, \sigma_{n-1}). \tag{9.30}$$

那么 $h(x_1, x_2, \cdots, x_n)$明显是对称的,而且

$$\begin{aligned} h(x_1, x_2, \cdots, 0) &= f(x_1, x_2, \cdots, 0) - g(\sigma_1, \sigma_2, \cdots, \sigma_{n-1}) \big|_{x_n=0} \\ &= f(x_1, x_2, \cdots, 0) - g(\bar{\sigma}_1, \bar{\sigma}_2, \cdots, \bar{\sigma}_{n-1}) \\ &= \bar{f}(x_1, x_2, \cdots, x_{n-1}) - \bar{f}(x_1, x_2, \cdots, x_{n-1}) = 0, \end{aligned} \tag{9.31}$$

其中用到了(9.27)以及(9.28). (9.31)说明: 把 $x_1, x_2, \cdots, x_{n-1}$ 看成常数, $h(x_1, x_2, \cdots, x_n)$便是 x_n 的一个一元多项式,而 $x_n = 0$ 就是 $h(x_1, x_2, \cdots, x_n)$ 的一个根. 因此就有 $x_n \mid h(x_1, x_2, \cdots, x_n)$.

(iv) 由 $h(x_1, x_2, \cdots, x_n)$是对称的,因此 $x_i \mid h(x_1, x_2, \cdots, x_n)$, $i = 1, 2, \cdots, n$. 所以 $h(x_1, x_2, \cdots, x_n)$有因式 $x_1 x_2 \cdots x_n = \sigma_n$, 即

$$h(x_1, x_2, \cdots, x_n) = \sigma_n \tilde{h}(x_1, x_2, \cdots, x_n), \tag{9.32}$$

这里引入的 $\tilde{h}(x_1, x_2, \cdots, x_n)$显然是对称的,且 $\deg \tilde{h} < \deg h \leqslant \deg f = m$. 于是由(ii)中的归纳法的假定有

$$\tilde{h}(x_1, x_2, \cdots, x_n) = \tilde{g}(\sigma_1, \sigma_2, \cdots, \sigma_n). \tag{9.33}$$

(v) 最后由(9.30), (9.32)以及(9.33)有

$$\begin{aligned} f(x_1, x_2, \cdots, x_n) &= h(x_1, x_2, \cdots, x_n) + g(\sigma_1, \sigma_2, \cdots, \sigma_{n-1}) \\ &= \sigma_n \tilde{h}(x_1, x_2, \cdots, x_n) + g(\sigma_1, \sigma_2, \cdots, \sigma_{n-1}) \\ &= \sigma_n \tilde{g}(\sigma_1, \sigma_2, \cdots, \sigma_n) + g(\sigma_1, \sigma_2, \cdots, \sigma_{n-1}). \end{aligned} \tag{9.34}$$

(vi) 于是令 $g(x_1, x_2, \cdots, x_n) = x_n \tilde{g}(x_1, x_2, \cdots, x_n) + g(x_1, x_2, \cdots, x_{n-1})$, 从(9.34), 即有

$$f(x_1, x_2, \cdots, x_n) = g(\sigma_1, \sigma_2, \cdots, \sigma_n).$$

定理中的存在性证毕.关于定理 9.12.1 中 $g(x_1, x_2, \cdots, x_n)$的唯一性我们则在附录 5 中证明.

此外,(9.26)是一个恒等式,因此有 $\deg f(x_1, x_2, \cdots, x_n) \geqslant \deg g(\sigma_1, \sigma_2, \cdots, \sigma_n)$.

例 9.12.3 设 x_1、x_2 是多项式 $f(x) = 2x^2 - 7x + 7 \in \mathbf{Q}[x]$ 的两个根.试在不解方程的前提下求 $x_1^2 + x_2^2$ 的值.

由例 9.12.1 可知 $x_1^2 + x_2^2 = \sigma_1^2 - 2\sigma_2$,而由根和系数的关系可得 $\sigma_1 = \dfrac{7}{2}$, $\sigma_2 = \dfrac{7}{2}$. 因此,$x_1^2 + x_2^2 = \dfrac{21}{4}$.

§9.13 由对称多项式基本定理得出的一个有重要应用的定理

例 9.13.1 沿用例 9.12.3 的符号.注意到 $f(x) = 2x^2 - 7x + 7 \in \mathbf{Q}[x]$,它的两个根为 $\alpha_1 = \dfrac{7+\sqrt{7}\mathrm{i}}{4}$, $\alpha_2 = \dfrac{7-\sqrt{7}\mathrm{i}}{4}$ 都是复数.但是,对于 $p(x_1, x_2) = x_1^2 + x_2^2$,却有 $p(\alpha_1, \alpha_2) = \left(\dfrac{7+\sqrt{7}\mathrm{i}}{4}\right)^2 + \left(\dfrac{7-\sqrt{7}\mathrm{i}}{4}\right)^2 = \dfrac{21}{4} \in \mathbf{Q}$.

上例是下列定理的一个特例.

定理 9.13.1 设 F 为一个域,$f(x) = a_n x^n + \cdots + a_0 \in F[x]$, $\deg f(x) = n$,而其根为 $\alpha_1, \alpha_2, \cdots, \alpha_n$.另外,$p(x_1, x_2, \cdots, x_n)$是 F 上的一个对称多项式,那么 $p(\alpha_1, \alpha_2, \cdots, \alpha_n) \in F$.

(i) 首先由定理 9.12.1 可知 $p(x_1, x_2, \cdots, x_n)$是 F 上 $\sigma_1, \sigma_2, \cdots, \sigma_n$ 的一个多项式,而当 $x_1 = \alpha_1, x_2 = \alpha_2, \cdots, x_n = \alpha_n$ 时,由(9.25)有 $\sigma_1 = \alpha_1 + \alpha_2 + \cdots + \alpha_n, \cdots, \sigma_n = \alpha_1\alpha_2\cdots\alpha_n$.

(ii) 由 $f(x) = a_n(x^n - b_{n-1}x^{n-1} + \cdots \pm b_0) = a_n(x - \alpha_1)(x - \alpha_2)\cdots(x - \alpha_n)$,有 $b_{n-1} = \sigma_1, b_{n-2} = \sigma_2, \cdots, b_0 = \sigma_n$.考虑到所有 $b_i \in F, i = 0, 1, \cdots, n-1$,就得出 $\sigma_i \in F, i = 1, 2, \cdots, n$.

(iii) 由于 $p(x_1, x_2, \cdots, x_n)$是 F 上 $\sigma_1, \sigma_2, \cdots, \sigma_n$ 的一个多项式,而所有的 $\sigma_i \in F, i = 1, 2, \cdots, n$,所以最后就有 $p(\alpha_1, \alpha_2, \cdots, \alpha_n) \in F$.

利用这一定理,在下一节中我们将证明两个重要的推论.

§9.14 关于多项式根的两个重要的推论

设 F 是一个域,而 $f(x)$, $g(x)\in F[x]$. 再设 $f(x)$的根为 $\alpha_1, \alpha_2, \cdots, \alpha_n$, $g(x)$的根为 $\beta_1, \beta_2, \cdots, \beta_k$,则有

$$f(x)=a_n(x-\alpha_1)(x-\alpha_2)\cdots(x-\alpha_n), \tag{9.35}$$

其中 a_n 是 $f(x)$的首项系数. 由(9.35),定义

$$\begin{aligned} f(x-\beta_j) &= a_n(x-\alpha_1-\beta_j)(x-\alpha_2-\beta_j)\cdots(x-\alpha_n-\beta_j) \\ &= a_n\prod_{i=1}^{n}(x-\alpha_i-\beta_j),\ j=1,2,\cdots,k, \end{aligned} \tag{9.36}$$

其中用了连乘符号Π. 由此,我们再把 $f(x-\beta_1)$, $f(x-\beta_2)$, $\cdots$, $f(x-\beta_k)$这 k 个多项式连乘,就有

$$\prod_{j=1}^{k}f(x-\beta_j)=a_n^k\prod_{j=1}^{k}\prod_{i=1}^{n}(x-\alpha_i-\beta_j). \tag{9.37}$$

令 $h_1(x)=\prod\limits_{j=1}^{k}\prod\limits_{i=1}^{n}(x-\alpha_i-\beta_j)$, 就有

$$h_1(x)=\frac{1}{a_n^k}\prod_{j=1}^{k}f(x-\beta_j). \tag{9.38}$$

显然 $h_1(x)$是 x 的一个多项式,且它的各项系数都是 $\beta_1, \beta_2, \cdots, \beta_k$ 的对称多项式. 因此,由定理 9.13.1 可知,这些系数都是 F 中的元,这样就证得了:

推论 9.14.1 设 $\alpha_1, \alpha_2, \cdots, \alpha_n, \beta_1, \beta_2, \cdots, \beta_k$ 分别是 $f(x)$、$g(x)$的根,那么 $h_1(x)=\prod\limits_{j=1}^{k}\prod\limits_{i=1}^{n}(x-\alpha_i-\beta_j)\in F[x]$.

例 9.14.1 设 $f(x)=x^2-2$, $g(x)=x^2+1\in\mathbf{Q}[x]$;从 $f(x)$ 的根为 $\alpha_1=\sqrt{2}$, $\alpha_2=-\sqrt{2}$; $g(x)$ 的根为 $\beta_1=\mathrm{i}$, $\beta_2=-\mathrm{i}$,则有 $h_1(x)=\prod\limits_{j-1}^{2}\prod\limits_{i=1}^{2}(x-\alpha_i-\beta_j)=\prod\limits_{j=1}^{2}(x-\sqrt{2}-\beta_j)(x+\sqrt{2}-\beta_j)=(x-\sqrt{2}-\mathrm{i})(x+\sqrt{2}-\mathrm{i})(x-\sqrt{2}+\mathrm{i})(x+\sqrt{2}+\mathrm{i})=x^4-2x^2+9\in\mathbf{Q}[x]$. 顺便提一下,$h_1(x)$ 的 4 个根为: $\sqrt{2}+\mathrm{i}$, $\sqrt{2}-\mathrm{i}$, $-\sqrt{2}+\mathrm{i}$, $-\sqrt{2}-\mathrm{i}$.

再者，假定$\beta_1, \beta_2, \cdots, \beta_k$都不为零，也即$g(x)$无零根. 那么从(9.35)有

$$f\left(\frac{x}{\beta_j}\right)=a_n\left(\frac{x}{\beta_j}-\alpha_1\right)\left(\frac{x}{\beta_j}-\alpha_2\right)\cdots\left(\frac{x}{\beta_j}-\alpha_n\right),\ j=1,2,\cdots,k, \tag{9.39}$$

因此

$$\begin{aligned}\beta_j^n f\left(\frac{x}{\beta_j}\right)&=a_n(x-\alpha_1\beta_j)(x-\alpha_2\beta_j)\cdots(x-\alpha_n\beta_j)\\&=a_n\prod_{i=1}^{n}(x-\alpha_i\beta_j),\ j=1,2,\cdots,k.\end{aligned} \tag{9.40}$$

令$h_2(x)=\prod_{j=1}^{k}\prod_{i=1}^{n}(x-\alpha_i\beta_j)$，就有

$$h_2(x)=\frac{1}{a_n^k}\prod_{j=1}^{k}\beta_j^n f\left(\frac{x}{\beta_j}\right), \tag{9.41}$$

由此可知$h_2(x)$是x的一个多项式. 尽管在$f\left(\frac{x}{\beta_j}\right)$中$\beta_j$出现在分母中，但由于$\deg f(x)=n$，$\beta_j^n f\left(\frac{x}{\beta_j}\right)$就有了(9.40)的形式. 于是，从(9.40)可知，$h_2(x)$的各项系数都是$\beta_1, \beta_2, \cdots, \beta_k$的对称多项式. 因此，由定理9.13.1可知这些系数都是F中的元，这样又证得了：

推论 9.14.2　设$f(x), g(x)\in F[x]$，而$\alpha_1, \alpha_2, \cdots, \alpha_n$是$f(x)$的根，$\beta_1, \beta_2, \cdots, \beta_k$是$g(x)$的根，且$\beta_1, \beta_2, \cdots, \beta_k$都不为零，那么$h_2(x)=\prod_{j=1}^{k}\prod_{i=1}^{n}(x-\alpha_i\beta_j)\in F[x]$.

例 9.14.2　设$f(x)=x^2-x-1$, $g(x)=x^2+1\in \mathbf{Q}[x]$，从$f(x)$的根为$\tau=\frac{1+\sqrt{5}}{2}$, $\sigma=\frac{1-\sqrt{5}}{2}$(参见 §2.3)；$g(x)$的根为$\beta_1=\mathrm{i}$, $\beta_2=-\mathrm{i}$，则有

$h_2(x)=\prod_{j=1}^{k}\prod_{i=1}^{n}(x-\alpha_i\beta_j)=(x-\tau\mathrm{i})(x+\tau\mathrm{i})(x-\sigma\mathrm{i})(x+\sigma\mathrm{i})=x^4+3x^2+1\in\mathbf{Q}[x]$. 顺便提一下，$h_2(x)$的4个根为$\tau\mathrm{i}, -\tau\mathrm{i}, \sigma\mathrm{i}, -\sigma\mathrm{i}$.

我们将在§10.8中应用这两个推论.

第十章

有关扩域的一些理论

§ 10.1 数域的另一个例子

在§3.2中，我们给出了数域的定义，并且指出了我们有有理数域 $\mathbf{Q}$，实数域 $\mathbf{R}$，以及复数域 $\mathbf{C}$. 例 3.2.3 还讨论了 $\mathbf{Q}(\sqrt{5})$ 这一域. 为了下面的陈述作些准备，我们在这一节中再给出一个例子.

$\sqrt{2}$ 是无理数，因此 $\sqrt{2}\notin\mathbf{Q}$. 我们设法把它添加到 $\mathbf{Q}$ 中去以构成一个包含 $\mathbf{Q}$ 及 $\sqrt{2}$ 的更大的域 F——包含 F 以及 $\sqrt{2}$ 的最小域. 因此，我们的"材料"就是 $\mathbf{Q}$ 与 $\sqrt{2}$. 考虑到 F 中的元应该在"+"，"−"，"×"，"÷"这四则运算下封闭，所以 F 应包含所有下列形式的元：

$$\frac{\sum_{i=0}^{l} a_i(\sqrt{2})^i}{\sum_{j=0}^{m} b_j(\sqrt{2})^j}\Big(a_i,\ b_j\in\mathbf{Q},\ i=0,\ 1,\ 2,\ \cdots,\ l,\ j=0,\ 1,\ 2,\ \cdots,\ m,$$

$$l,\ m\in\mathbf{N}, \text{且} \sum_{j=0}^{m} b_j(\sqrt{2})^j\neq 0\Big). \tag{10.1}$$

考虑到 $\sqrt{2}$ 是 $x^2-2=0$ 的根，即 $(\sqrt{2})^2=2$. 因此有 $(\sqrt{2})^3=\sqrt{2}(\sqrt{2})^2=2\sqrt{2}$，$(\sqrt{2})^4=\sqrt{2}(\sqrt{2})^3=4$，$(\sqrt{2})^5=\sqrt{2}(\sqrt{2})^4=4\sqrt{2}$，…. 它们都可以表示为 $a+b\sqrt{2}$，a，$b\in\mathbf{N}$ 的形式. 所以(10.1)可简化为

$$\frac{a_1+a_2\sqrt{2}}{b_1+b_2\sqrt{2}},\ a_1,\ a_2,\ b_1,\ b_2\in\mathbf{Q},\ b_1+b_2\sqrt{2}\neq 0. \tag{10.2}$$

利用 $b_1+b_2\sqrt{2}\neq 0$，我们能进一步简化(10.2). 这是因为若 $b_2=0$，即有 $b_1\neq 0$，此时(10.2)有 $c_1+c_2\sqrt{2}$ 的形式，其中 c_1，$c_2\in\mathbf{Q}$；若 $b_1=0$，则 $b_2\neq 0$，此时

$\frac{a_1+a_2\sqrt{2}}{b_2\sqrt{2}}$ 也有 $c_1+c_2\sqrt{2}$ 的形式；若 $b_1\neq 0$，$b_2\neq 0$，此时 $\frac{a_1+a_2\sqrt{2}}{b_1+b_2\sqrt{2}}=\frac{(a_1+a_2\sqrt{2})(b_1-b_2\sqrt{2})}{b_1^2-2b_2^2}$，其中分母 $b_1^2-2b_2^2\neq 0$，否则 $2=\left|\frac{b_1}{b_2}\right|^2$，则 $\sqrt{2}=\frac{|b_1|}{|b_2|}\in\mathbf{Q}$. 因此 $\frac{a_1+a_2\sqrt{2}}{b_1+b_2\sqrt{2}}$ 也有 $c_1+c_2\sqrt{2}$ 的形式. 这样(10.2)就最终简化为

$$F=\{a+b\sqrt{2}\mid a,\ b\in\mathbf{Q}\}. \tag{10.3}$$

类似于例 3.2.3 的讨论，我们容易证明 F 是域. 再者，由于 $\sqrt{2}$ 是 $f(x)=x^2-2$ 的一个根，即 $\sqrt{2}$ 是代数数(参见 §8.3)，所以我们把 F 称为 $\mathbf{Q}$ 添加了 $\sqrt{2}$ 而构成的单代数扩域，而引入 $F=\mathbf{Q}(\sqrt{2})$ 这一符号.

例 10.1.1　设 F 是一个域，求证 $0,\ 1\in F$.

因为域 F 至少有 2 个元，因此设 $a\in F$，$a\neq 0$，于是由 $-a$，$a^{-1}\in F$，所以从 $a+(-a)=0$，且 $a\cdot a^{-1}=1$，可知 $0,\ 1\in F$.

§10.2　扩域的概念

定义 10.2.1　如果域 F 中的任意元都是域 E 中的一个元，则称域 F 为域 E 的一个子域，而域 E 为域 F 的一个扩域，记为 E/F. 若 $F\neq E$，则称 F 为 E 的一个真子域，而 E 是 F 的一个真扩域，此时除了 E/F 外，还应有 $E\supset F$.

例 10.2.1　显然有 $\mathbf{C}\supset\mathbf{R}\supset\mathbf{Q}(\sqrt{2})\supset\mathbf{Q}$.

对于任意数域 F，由例 10.1.1 可知 $1\in F$. 因此，$1+1=2\in F$，$1+2=3\in F$，…. 由此也有 $\frac{1}{2}$，$\frac{1}{3}$，$\frac{2}{3}$，…$\in F$. 另外，从 $-1\in F$，有 -2，-3，…$\in F$，$-\frac{1}{2}$，$-\frac{1}{3}$，$-\frac{2}{3}$，…$\in F$. 因此 $F\supseteq\mathbf{Q}$，所以 $\mathbf{Q}$ 是任意数域 F 的子域，也即 $\mathbf{Q}$ 是最小的数域，而 $\mathbf{C}$ 就是最大的数域.

为了证明域 k 的子集 F 是子域，只需验证

(i) 若 $a,\ b\in F$，则 $a+b$ 及 $ab\in F$；

(ii) 若 $a\in F$，则 $-a\in F$；

(iii) 若 $a\in F$，$a\neq 0$，则 $a^{-1}\in F$.

因为由(i)和(ii),可推出 $a+(-a)=0\in F$;由(i)和(iii),可推出 $aa^{-1}=1\in F$. 此外,关于"+"法的结合律与交换律,关于"×"法的结合律与交换律,以及关于"+"法与"×"法的分配律都不必验证. 这是因为 $F\subset \mathbf{C}$,而 $\mathbf{C}$ 是域所以其中的元都符合这些运算法则,于是 F 的元也就自动满足这些法则了.

例 10.2.2 若 F_1、F_2 是域,证明 $F_1\cap F_2$ 是域.

(i) 若 $a, b\in F_1\cap F_2$,则 $a, b\in F_1$ 及 $a, b\in F_2$. 于是 $a+b\in F_1$, $a+b\in F_2$; $ab\in F_1$, $ab\in F_2$. 因此 $a+b\in F_1\cap F_2$, $ab\in F_1\cap F_2$.

(ii) 若 $a\in F_1\cap F_2$,则 $a\in F_1$, $a\in F_2$. 于是 $-a\in F_1$, $-a\in F_2$. 因此 $-a\in F_1\cap F_2$.

(iii) 若 $a\in F_1\cap F_2$, $a\neq 0$, 则 $a\in F_1$, $a\in F_2$. 于是 $a^{-1}\in F_1$, $a^{-1}\in F_2$. 因此 $a^{-1}\in F_1\cap F_2$. 故 $F_1\cap F_2$ 是域,且是 F_1 的子域,也是 F_2 的子域.

§10.3 要深入研究的一些课题

我们再来简要地讨论一下,对 $\mathbf{Q}$ 添加黄金分割数 τ,以构成 $\mathbf{Q}(\tau)$. 其中的一般元具有

$$\frac{\sum_{i=0}^{l} a_i\tau^i}{\sum_{j=0}^{m} b_j\tau^j}(a_i,\ b_j\in \mathbf{Q},\ i=0,\ 1,\ \cdots,\ l;\ j=0,\ 1,\ \cdots,\ m) \qquad (10.4)$$

的形式(参见(10.1)). 因为 τ 满足方程 $x^2-x-1=0$,因此有 $\tau^2=\tau+1$. 此外,由(2.9)可知,τ^i 及 τ^j 可表示为 $n_1\tau+n_2$, n_1, $n_2\in \mathbf{N}^*$. 因此(10.4)可简化为

$$(a_1+a_2\tau)/(b_1+b_2\tau),\ a_1,\ a_2,\ b_1,\ b_2\in \mathbf{Q}. \qquad (10.5)$$

再利用分母有理化,可将 $\dfrac{1}{b_1+b_2\tau}$ 变为"整式",从而(10.5)可进一步简化为

$$a+b\tau,\ a,\ b\in \mathbf{Q}. \qquad (10.6)$$

考虑到 $\tau=\dfrac{\sqrt{5}+1}{2}$,因此 $a+b\cdot\dfrac{\sqrt{5}+1}{2}=\left(a+\dfrac{b}{2}\right)+\dfrac{b}{2}\sqrt{5}$. 所以添加 τ

与添加$\sqrt{5}$是一回事，所以最后有

$$\mathbf{Q}(\sqrt{5}) = \mathbf{Q}(\tau) = \{a + b\sqrt{5} \mid a, b \in \mathbf{Q}\}. \tag{10.7}$$

这就是例 3.2.3 引入的 $\mathbf{Q}(\sqrt{5})$.

对于 $\mathbf{Q}$ 添加 $\theta \notin \mathbf{Q}$，我们同样有类似于(10.4)的形式. 如果 θ 是 $\mathbf{Q}$ 上的多项式的根，我们就能从(10.4)的形式简化为类似(10.5)的形式. 如果 θ 不是 $\mathbf{Q}$ 上任意多项式的根，那么我们只能停留在(10.4)的形式上. 举例来说，如果考虑 $\mathbf{Q}(\pi)$，那么就产生了 π 是否是代数数的问题. 其次，从(10.5)到(10.6)，我们用的是分母有理化的方法. 但是，对一般的 $\theta \notin \mathbf{Q}$，就不能这样进行了，还得另辟蹊径. 最后，我们还要对一般的域 F 添加 $\theta \notin F$，以构成 $F(\theta)$. 例如在尺规作图中，我们从 $\mathbf{Q}$ 出发，每次作出一个新的不在原来域中的数，我们就实现了一次扩域. 这样就需要不断地扩域.

这些问题是我们要继续深入研究的一些课题.

§10.4　域上的代数元以及代数数

定义 10.4.1　设 F 是一数域，数 $\theta \in \mathbf{C}$ 称为 F 上的一个**代数元**，如果存在 F 上的多项式 $f(x) = a_n x^n + \cdots + a_0$，使得 $f(\theta) = 0$. 否则则称 θ 是 F 上的一个**超越元**. 如果 $F = \mathbf{Q}$，我们则把 $\mathbf{Q}$ 上的代数元称为**代数数**，把 $\mathbf{Q}$ 上的超越元称为**超越数**.

例 10.4.1　数 $a + b\sqrt{2}$，$a, b \in \mathbf{Q}$，是 $\mathbf{Q}$ 上多项式 $f(x) = (x - a - b\sqrt{2}) \cdot (x - a + b\sqrt{2}) = x^2 - 2ax + a^2 - 2b^2$ 的根. 因此，数 $a + b\sqrt{2}$ 是一个代数数.

例 10.4.2　数 $a + b\mathrm{i} \in \mathbf{C}$，$a, b \in \mathbf{R}$，是 $\mathbf{R}$ 上多项式 $f(x) = (x - a - b\mathrm{i}) \cdot (x - a + b\mathrm{i}) = x^2 - 2ax + a^2 + b^2$ 的根. 因此，数 $a + b\mathrm{i}$ 是 $\mathbf{R}$ 上的一个代数元.

例 10.4.3　数$\sqrt[3]{2}\omega$ 是 $\mathbf{Q}$ 上多项式 $f(x) = x^3 - 2$ 的一个根，其中 $\omega = \frac{1}{2}(-1 + \sqrt{-3})$. 所以$\sqrt[3]{2}\omega$ 是一个代数数. $f(x)$的另两个根为$\sqrt[3]{2}$和$\sqrt[3]{2}\omega^2$，它们也是代数数.

例 10.4.4　圆周率 π，自然对数的底数 e 分别满足 $\mathbf{R}$ 上的多项式 $f(x) = x - \pi$，以及 $g(x) = x - \mathrm{e}$. 因此，它们都是 $\mathbf{R}$ 上的代数元. 然而，它们不满足 $\mathbf{Q}$ 上的任意多项式，因此它们是超越数(参见 §14.4，§14.5).

§10.5　代数元的最小多项式

设θ是域F上的一个代数元，因此存在$f(x)\in F[x]$，使得$f(\theta)=0$. 在$F[x]$中一定存在无限多个以θ为根的多项式. 例如对于$g(x)f(x)$，其中$g(x)$是$F[x]$中的任意多项式，都有$g(\theta)f(\theta)=0$. 所以我们就在F上，以θ为根的所有多项式中，选出其中次数最低的一个，记为$p(x)$. 如果$p(x)$的首项系数$a\neq 1$，那么$\frac{1}{a}p(x)$则是首项系数为1的，且$\frac{1}{a}p(\theta)=0$. 我们把$\frac{1}{a}p(x)$称为θ在F上的一个**最小多项式**.

例 10.5.1　例 8.3.2 告诉我们$\sqrt{2}$是代数数，因为它是$x^2-2\in\mathbf{Q}[x]$的一个根. $\sqrt{2}$当然也是$g(x)(x^2-2)$的一个根，其中$g(x)\in\mathbf{Q}[x]$. 然而，$x^2-2=(x-\sqrt{2})(x+\sqrt{2})$，但$x-\sqrt{2}\notin\mathbf{Q}[x]$. 所以$x^2-2$是$\sqrt{2}$在$\mathbf{Q}$上的最小多项式. 另外，根据艾森斯坦判据$x^2-2$在$\mathbf{Q}$上是不可约的.

一般地，设$p(x)$是θ在域F上的一个最小多项式，$p(x)$在F上当然是不可约的. 否则，由定理 9.6.2 可知. 此时存在次数比$\deg p(x)$更小的$p_i(x)\in F[x]$，满足$p_i(\theta)=0$. 这与$p(x)$是θ在域F上的一个最小多项式矛盾了. 因此，当$\theta\neq 0$时，最小多项式是不会有零根的(参见§3.3).

例 10.5.2　例 8.3.3 告诉我们 i 是代数数，因为它是$x^2+1\in\mathbf{Q}[x]$的一个根. 由于$\mathbf{R}\supset\mathbf{Q}$，所以 i 是$\mathbf{R}$上的一个代数元. 从$x^2+1=(x-\mathrm{i})(x+\mathrm{i})$，所以$x^2+1$在$\mathbf{R}$上，因而在$\mathbf{Q}$上都不可约，所以 i 在$\mathbf{Q}$上，以及在$\mathbf{R}$上的最小多项式都是$x^2+1$. 不过由于$\mathbf{C}\supset\mathbf{R}$，所以 i 也是$\mathbf{C}$上的代数元，而此时$x-\mathrm{i}$是它在$\mathbf{C}$上的最小多项式.

下面我们假定$p(x)\in F[x]$是θ在F上的一个最小多项式，且$q(x)\in F[x]$，也以θ为根，即$q(\theta)=0$. 我们来研究$p(x)$与$q(x)$之间的关系.

针对$p(x)$与$q(x)$，由多项式的可除定理 9.3.1，有

$$q(x)=g(x)p(x)+h(x),\tag{10.8}$$

其中$h(x)\equiv 0$，或$\deg h(x)<\deg p(x)$. 在(10.8)中令$x=\theta$，则从$p(\theta)=q(\theta)=0$，得出$h(\theta)=0$. 由此可知$h(x)\equiv 0$，否则的话$p(x)$就不是θ的最小多项式了. 这样就有$p(x)\mid q(x)$，即

定理 10.5.1　若θ是F上的一个代数元，它的一个最小多项式为$p(x)$，

且对 $q(x) \in F[x]$，有 $q(\theta) = 0$，则 $p(x)$ 是 $q(x)$ 的一个因式.

这一定理明示了“最小多项式”中“最小”这一词的含义. 另外，若 $q(x)$ 是 θ 在 F 上的另一个最小多项式，则除了 $p(x) \mid q(x)$，也有 $q(x) \mid p(x)$. 于是由例 9.4.3 可知，$q(x) = cp(x)$，$c \in F$. 考虑到 $p(x)$、$q(x)$ 都是首 1 的，我们就有 $p(x) = q(x)$. 这就证明了

定理 10.5.2 若 θ 是域 F 上的一个代数元，那么它在 F 上的最小多项式是唯一的.

§ 10.6 互素的多项式与根

设 $f(x)$，$g(x) \in F[x]$ 在 F 上是互素的，且假定 θ 是它们的一个公共根，即 $f(\theta) = g(\theta) = 0$. 于是 θ 是 F 上的一个代数元. 令 θ 在 F 上的最小多项式为 $p(x)$. 因此由定理 10.5.1 可知 $p(x) \mid f(x)$，$p(x) \mid g(x)$. 这说明 $p(x) \in F[x]$ 是 $f(x)$、$g(x)$ 的公因式. 这与 $f(x)$、$g(x)$ 互素矛盾. 因此有

定理 10.6.1 若 $f(x)$，$g(x) \in F[x]$ 在 F 上是互素的，那么它们无公共根.

这一定理有以下推论：

推论 10.6.1 设 $f(x) \in F[x]$ 在 F 上是不可约的，且 $\deg f(x) = n$，那么 $f(x)$ 有 n 个不同的根.

我们用反证法来证明这一推论. 设 α 是 $f(x)$ 的一个重根，考虑到 α 至少是二重根，则有

$$f(x) = a_n(x-\alpha)^2 g(x). \tag{10.9}$$

利用函数积的求导法则，计算 $f(x)$ 的导数 $f'(x)$，有

$$f'(x) = a_n(x-\alpha)^2 g'(x) + 2a_n(x-\alpha)g(x). \tag{10.10}$$

于是 $f'(\alpha) = 0$，即 α 也是 $f'(x)$ 的一个根. 由 α 是 $f(x) \in F[x]$ 的一个根，所以 α 是 F 上的一个代数元. 因而存在 α 在 F 上的最小多项式 $p(x)$，而由定理 10.5.1 有 $p(x) \mid f(x)$，以及 $p(x) \mid f'(x)$. 不过，$f(x)$ 在 F 上是不可约的，因此由 $p(x) \mid f(x)$ 可知 $p(x) = cf(x)$. 由此，$p(x) \mid f'(x)$ 就意味着 $cf(x) \mid f'(x)$. 不过，因为 $\deg f'(x) = \deg f(x) - 1$，这就矛盾了. 推论证毕.

例 10.6.1 因为 θ 在域 F 上的最小多项式 $p(x)$ 在 F 上是不可约的，所

以若 $\deg p(x) = n$，则 $p(x)$有 n 个不同的根.

§10.7 代数元的次数以及代数元的共轭元

定义 10.7.1 设 θ 是 F 上的一个代数元，而 $p(x)$是它的最小多项式，且 $\deg p(x) = n$，那么我们就称 θ 在 F 上是n 次的.

例 10.7.1 对任意 $\theta \in F$，由于 θ 是 $f(x) = x - \theta \in F[x]$ 的根. 故任意 $\theta \in F$ 在 F 上是 1 次的代数元.

例 10.7.2 由例 10.5.1 可知$\sqrt{2}$在 $\mathbf{Q}$ 上是 2 次的. $-\sqrt{2}$在 $\mathbf{Q}$ 上也是 2 次的.

设 θ 是 F 上的代数元，而 $p(x)$是 θ 在域 F 上的最小多项式，且 $\deg p(x) = n$，那么由例 10.6.1 可知 $p(x)$有 n 个不同的根 $\theta_1 = \theta, \theta_2, \cdots, \theta_n$，我们把它们称为在 F 上是互为共轭的元.

例 10.7.3 由例 10.5.1 可知$\sqrt{2}$、$-\sqrt{2}$在 $\mathbf{Q}$ 上是互为共轭的.

例 10.7.4 由例 10.4.2 可知，$a \pm b\mathrm{i}$，$a, b \in \mathbf{R}$，是 $f(x) = x^2 - 2ax + a^2 + b^2 \in \mathbf{R}[x]$ 的两个根. $a + b\mathrm{i}$ 与 $a - b\mathrm{i}$ 在 $\mathbf{R}$ 上是互为共轭的元. 由此可见 F 上共轭元的概念是复共轭元概念的推广.

例 10.7.5 由例 10.7.1 可知，任意 $\theta \in F$，在 F 上都是 1 次的，因此是自共轭的. 特别有，0 是自共轭的. 如果 $F = \mathbf{C}$，则一切数都是自共轭的.

例 10.7.6 由例 10.4.3，$f(x) = x^3 - 2 = (x - \sqrt[3]{2})(x - \sqrt[3]{2}\omega)(x - \sqrt[3]{2}\omega^2) \in \mathbf{Q}[x]$，因此，$\sqrt[3]{2}$，$\sqrt[3]{2}\omega$，$\sqrt[3]{2}\omega^2$ 都是 3 次代数数，它们在 $\mathbf{Q}$ 上互为共轭元. 然而，$f(x) = x^3 - 1 \in \mathbf{Q}[x]$ 的 3 个根 1、ω、ω^2（参见例 8.2.5）在 $\mathbf{Q}$ 上却不是共轭元，因为 $x^3 - 1 = (x-1)(x^2 + x + 1)$，所以 $x^3 - 1$ 不是 1、ω、ω^2 的最小多项式. 1 作为 $x - 1$ 的根，它是自共轭的，而 ω、ω^2 是 $x^2 + x + 1 \in \mathbf{Q}[x]$ 的根. 按例 9.9.3，$x^2 + x + 1$ 是第 3 个分圆多项式，它在 $\mathbf{Q}$ 上是不可约的. 因此，ω、ω^2 在 $\mathbf{Q}$ 上互为共轭.

§10.8 代数元域

设 F 为域，我们将证明 F 上的所有代数元构成的集合 $\overline{A}$ 是一个数域，称为代数元域.

为了证明 $\overline{A}$ 构成一个域,我们按§10.2所述.要证明:

(i) 若 $\alpha, \beta \in \overline{A}$,则 $\alpha+\beta, \alpha\beta \in \overline{A}$;

(ii) 若 $\alpha \in \overline{A}$,则 $-\alpha \in \overline{A}$;

(iii) 若 $\alpha \in \overline{A}, \alpha \neq 0$,则 $\alpha^{-1} \in \overline{A}$.

为此,设 $f(x)$、$g(x)$ 分别是 α 和 $\beta \neq 0$ 在 F 上的最小多项式,且 $\deg f(x) = n$,以及 $\deg g(x) = k$,而 $\alpha_1 = \alpha, \alpha_2, \cdots, \alpha_n$ 和 $\beta_1 = \beta, \beta_2, \cdots, \beta_k$ 分别是与 α 和 β 互为共轭的根.可假定 $\beta \neq 0$,否则(i)是浅显的.由 $\beta \neq 0$,则 $\beta_2, \cdots, \beta_k$ 全不为零(参见§10.5).

应用推论9.14.1,对于 $h_1(x) \in F[x]$,有 $h_1(\alpha+\beta) = 0$,因此 $\alpha+\beta$ 是 F 上的代数元,即 $\alpha+\beta \in \overline{A}$.

应用推论9.14.2,对于 $h_2(x) \in F[x]$,有 $h_2(\alpha\beta) = 0$,因此 $\alpha\beta$ 是 F 上的代数元,即 $\alpha\beta \in \overline{A}$.

由 $f(\alpha) = 0$,有 $f(-(-\alpha)) = 0$.因此,$-\alpha$ 是 $f(-x)$ 的一个根.另一方面,从 $f(x) \in F[x]$,有 $f(-x) \in F[x]$.因此 $-\alpha$ 是 F 上的一个代数元,即 $-\alpha \in \overline{A}$.

最后对于 α^{-1}.因为 $\alpha \neq 0$,而从 $f(\alpha) = 0$,有 $f\left(\dfrac{1}{\alpha^{-1}}\right) = 0$ 即 α^{-1} 是 $f\left(\dfrac{1}{x}\right)$ 的根.不过 $f\left(\dfrac{1}{x}\right)$ 并不是多项式.然而,从 $\deg f(x) = n$,定义 $h_3(x) = x^n f\left(\dfrac{1}{x}\right)$,这样 $h_3(x)$ 就是多项式了,且 $h_3(x) \in F[x]$,以及 $h_3(\alpha^{-1}) = 0$,即 α^{-1} 是 F 上的一个代数元.于是 $\alpha^{-1} \in \overline{A}$.这样我们就证明了:

定理 10.8.1　F 上的所有代数元构成一个域 $\overline{A}$,称为代数元域.

若 $F = \mathbf{Q}$,则有:

推论 10.8.1　所有的代数数构成代数数域.

我们把代数数域记为 A.

例 10.8.1　由例8.3.2有 $\sqrt{2} \in A$,由例8.3.3有 $\mathrm{i} \in A$,因此,$\sqrt{2}+\mathrm{i} \in A$.事实上,例9.14.1已给出 $\sqrt{2}+\mathrm{i}$ 是 $x^4 - 2x^2 + 9 \in \mathbf{Q}[x]$ 的一个根.

例 10.8.2　由(2.4)可知 $\tau = \dfrac{1+\sqrt{5}}{2} \in A$,由例8.3.3有 $\mathrm{i} \in A$,所以 $\tau\mathrm{i} \in A$.事实上,例9.14.2已给出 $\tau\mathrm{i}$ 是 $x^4 + 3x^2 + 1 \in \mathbf{Q}[x]$ 的一个根.

§10.9　单代数扩域

定义 10.9.1　设 F 为域，$\theta \neq F$，而 θ 是 F 上的一个代数元. 包含 F 与 θ 的最小域 K，称为 F 添加了 θ 而构成的单代数扩域，记作 $K = F(\theta)$.

根据 §10.1 的叙述，我们显然有

$$K = F(\theta) = \left\{\frac{f(\theta)}{g(\theta)} \mid f(x),\ g(x) \in F[x],\ g(\theta) \neq 0\right\}, \quad (10.11)$$

对应于(10.2)与(10.3)，我们现在可以证明有：

定理 10.9.1(单代数扩域的结构定理)　设 F 为域，$\theta \notin F$，若 θ 在 F 上是 n 次的，则 $F(\theta)$ 中的每一个元 α，都可唯一地表示为

$$\alpha = a_0 + a_1\theta + \cdots + a_{n-1}\theta^{n-1},\ a_i \in F,\ i = 0,\ 1,\ \cdots,\ n-1. \quad (10.12)$$

我们按以下各步来证明这一定理.

(i) 因为 $\alpha \in F(\theta)$，设 $\alpha = \dfrac{f(\theta)}{g(\theta)}$，其中 $g(\theta) \neq 0$.

(ii) 设 $p(x)$ 是 θ 在 F 上的最小多项式，那么首先 $p(x)$ 在 F 上是不可约的(参见 §10.5)，其次 $p(x) \nmid g(x)$. 否则的话，若 $p(x) \mid g(x)$，则 $g(x) = u(x)p(x)$，而有 $g(\theta) = u(\theta)p(\theta) = 0$. 但 $g(\theta) \neq 0$. 于是 $p(x)$ 与 $g(x)$ 互素.

(iii) 根据贝祖等式 9.5.1 可知存在 $s(x)$、$t(x)$，有 $1 = s(x)p(x) + t(x)g(x)$. 在其中令 $x = \theta$，有 $\dfrac{1}{g(\theta)} = t(\theta)$. 因此有

$$\alpha = \frac{f(\theta)}{g(\theta)} = f(\theta)t(\theta), \quad (10.13)$$

这样 α 就由“分式”的表达变成了“整式”的表达. α 已是 θ 的一个多项式，记为 $\alpha = f(\theta)t(\theta) = h(\theta)$.

(iv) 将 $h(\theta)$ 的变元 θ 改为 x 就有了 $h(x) \in F[x]$. 对 $h(x)$ 与 $p(x)$ 应用多项式的可除定理 9.3.1，有

$$h(x) = q(x)p(x) + r(x), \quad (10.14)$$

其中 $r(x) \equiv 0$，或 $\deg r(x) < \deg p(x) = n$. 在(10.14) 中令 $x = \theta$，就有

$$h(\theta)=r(\theta),$$

于是最终有

$$\alpha=h(\theta),\text{且}\deg h(\theta)\leqslant n-1.$$

这说明 α 是 θ 的一个多项式，其次数最多为 $n-1$. 这与(10.12)一致. 下面证(10.12)表示的唯一性.

设 α 可表示为

$$\alpha=a_0+a_1\theta+\cdots+a_{n-1}\theta^{n-1},\tag{10.15}$$

又可表示为

$$\alpha=a_0'+a_1'\theta+\cdots+a_{n-1}'\theta^{n-1},\tag{10.16}$$

那么由这两式相减便给出

$$(a_0-a_0')+(a_1-a_1')\theta+\cdots+(a_{n-1}-a_{n-1}')\theta^{n-1}=0.\tag{10.17}$$

令

$$p_1(x)=(a_0-a_0')+(a_1-a_1')x+\cdots+(a_{n-1}-a_{n-1}')x^{n-1},\tag{10.18}$$

则从 $p_1(x)\in F[x]$, $p_1(\theta)=0$, 以及 $\deg p_1(x)=n-1$, 可知若 $p_1(x)\not\equiv 0$, 那么 $p(x)$ 就不是 θ 在 F 上的最小多项式了，于是有 $p_1(x)\equiv 0$, 即 $a_i=a_i'$, $i=0, 1, \cdots, n-1$. 所以(10.15)与(10.16)应是一致的. 唯一性证毕.

我们也可以把定理 10.9.1 表达为

$$F(\theta)=\{a_0+a_1\theta+a_2\theta^2+\cdots+a_{n-1}\theta^{n-1}\mid a_i\in F,\ i=0,1,\cdots,n-1\}.\tag{10.19}$$

形象地说，$F(\theta)$的“建筑砖瓦”是 $1, \theta, \theta^2, \cdots, \theta^{n-1}$. 然后用 F 中的元作系数组成线性组合来构建 $F(\theta)$ 中的每一个元. 简单地说，$F(\theta)$是由 $1, \theta, \theta^2, \cdots, \theta^{n-1}$在 F 上张成的，记作 $F(\theta)=((1, \theta, \theta^2, \cdots, \theta^{n-1}))$.

例 10.9.1　例 10.4.3 给出的 $\omega=\frac{1}{2}(-1+\sqrt{-3})$ 是 $f(x)=x^3-1\in\mathbf{Q}[x]$ 的一个根. 因此 ω 是代数数，且由例 10.7.6 可知 ω 在 $\mathbf{Q}$ 上的最小多项式是 $p(x)=x^2+x+1$. 因此 w 在 $\mathbf{Q}$ 上是 2 次的. 于是有 $\mathbf{Q}(\omega)=((1, \omega))$.

例 10.9.2　$f(x)=x^n-2\in\mathbf{Q}[x]$, $n\geqslant 2$，按艾森斯坦判据在 $\mathbf{Q}$ 上是不可约的. 因此$\sqrt[n]{2}$ 在 $\mathbf{Q}$ 上是 n 次的. 这样就有 $\mathbf{Q}(\sqrt{2})=((1, \sqrt{2}))$, $\mathbf{Q}(\sqrt[3]{2})=$

$((1, \sqrt[3]{2}, \sqrt[3]{4}))$, $\mathbf{Q}(\sqrt[4]{3}) = ((1, \sqrt[4]{3}, \sqrt[4]{9}, \sqrt[4]{27})), \cdots$.

例 10.9.3 $\mathbf{C} = \{a + b\mathrm{i} \mid a, b \in \mathbf{R}\}$(参见(3.1)). 因此 $\mathbf{C} = \mathbf{R}(\mathrm{i}) = ((1, \mathrm{i}))$.

§10.10 添加有限多个代数元

设 $\alpha_1, \alpha_2, \cdots, \alpha_n$ 是 F 上的代数元. 于是对 F 的任意扩域 E,因为 $E[x] \supset F[x]$,所以 $\alpha_1, \alpha_2, \cdots, \alpha_n$ 是 E 上的代数元(参见§11.6). 由 F 开始,我们先构成 $F(\alpha_1)$. 在 $F(\alpha_1)$ 上再添加 α_2,而构成 $F(\alpha_1)(\alpha_2)$. 以此类推,我们就可以得出

$$K \equiv F(\alpha_1)(\alpha_2)\cdots(\alpha_n) \equiv F(\alpha_1, \alpha_2, \cdots, \alpha_n). \tag{10.20}$$

我们把 K 称为在 F 上添加了 $\alpha_1, \alpha_2, \cdots, \alpha_n$ 而构成的一个**n 次代数扩域**.

例 10.10.1 对 $\sqrt{2}$, i 这两个 $\mathbf{Q}$ 上的代数元,有

$$\mathbf{Q}(\sqrt{2}) = \{a + b\sqrt{2} \mid a, b \in \mathbf{Q}\},$$

以及 $\mathbf{Q}(\sqrt{2}, \mathrm{i}) = \mathbf{Q}(\sqrt{2})(\mathrm{i})$

$$= \{(a + b\sqrt{2}) + (c + d\sqrt{2})\mathrm{i} \mid a, b, c, d \in \mathbf{Q}\}$$
$$= \{a + b\sqrt{2} + c\mathrm{i} + d\sqrt{2}\mathrm{i} \mid a, b, c, d \in \mathbf{Q}\}.$$

例 10.10.2 对于 $\mathbf{Q}$ 上的代数元 $\sqrt{2}$, $\sqrt{3}$,有

$$\begin{aligned}\mathbf{Q}(\sqrt{2}, \sqrt{3}) &= \{(a + b\sqrt{2}) + (c + d\sqrt{2})\sqrt{3} \mid a + b\sqrt{2}, c + d\sqrt{2} \in \mathbf{Q}[\sqrt{2}]\} \\ &= \{a + b\sqrt{2} + c\sqrt{3} + d\sqrt{6} \mid a, b, c, d \in \mathbf{Q}\},\end{aligned}$$

也即 $\mathbf{Q}(\sqrt{2}, \sqrt{3})$ 是由 $1, \sqrt{2}, \sqrt{3}, \sqrt{6}$ 在 $\mathbf{Q}$ 上张成的. 可记为 $\mathbf{Q}(\sqrt{2}, \sqrt{3}) = ((1, \sqrt{2}, \sqrt{3}, \sqrt{6}))$.

例 10.10.3 $\mathbf{Q}(\sqrt{2} + \sqrt{3}) = ((1, \sqrt{2} + \sqrt{3}, (\sqrt{2} + \sqrt{3})^2, (\sqrt{2} + \sqrt{3})^3))$.

这里出现的"建筑材料"$1, \sqrt{2} + \sqrt{3}, (\sqrt{2} + \sqrt{3})^2, (\sqrt{2} + \sqrt{3})^3$ 与上例中 $\mathbf{Q}(\sqrt{2}, \sqrt{3})$的"建筑材料"$1, \sqrt{2}, \sqrt{3}, \sqrt{6}$的关系如下

$$\begin{aligned} 1 &= 1 \\ \sqrt{2} + \sqrt{3} &= \quad \sqrt{2} \quad + \sqrt{3} \\ (\sqrt{2} + \sqrt{3})^2 &= 5 \qquad\qquad\qquad\quad + 2\sqrt{6} \\ (\sqrt{2} + \sqrt{3})^3 &= \quad 11\sqrt{2} \quad + 9\sqrt{3} \end{aligned}$$

反过来：

$$
\begin{aligned}
1 &= 1 \\
\sqrt{2} &= \quad -\frac{9}{2}(\sqrt{2}+\sqrt{3}) \qquad\qquad\qquad +\frac{1}{2}(\sqrt{2}+\sqrt{3})^3 \\
\sqrt{3} &= \quad \frac{11}{2}(\sqrt{2}+\sqrt{3}) \qquad\qquad\qquad -\frac{1}{2}(\sqrt{2}+\sqrt{3})^3 \\
\sqrt{6} &= -\frac{5}{2} \qquad\qquad +\frac{1}{2}(\sqrt{2}+\sqrt{3})^2
\end{aligned}
$$

这就是说 $\mathbf{Q}(\sqrt{2}, \sqrt{3})$ 的"建筑材料"可以用 $\mathbf{Q}(\sqrt{2}+\sqrt{3})$ 的"建筑材料""线性地"通过 $\mathbf{Q}$ 中元作系数来构造，反之亦然. 所以 $((1, \sqrt{2}, \sqrt{3}, \sqrt{6})) = ((1, \sqrt{2}+\sqrt{3}, (\sqrt{2}+\sqrt{3})^2, (\sqrt{2}+\sqrt{3})^3))$，即 $\mathbf{Q}(\sqrt{2}, \sqrt{3}) = \mathbf{Q}(\sqrt{2}+\sqrt{3})$.

例 10.10.3 是下一节要证明的定理 10.11.1 的一个实例.

§10.11　多次代数扩域可以用单代数扩域来实现

在这一节中我们要证明：

定理 10.11.1　域 F 的一个多次代数扩域是域 F 上的一个单代数扩域，即对 n 次代数扩域 $F(\alpha_1, \alpha_2, \cdots, \alpha_n)$，存在 F 上的代数元 θ，使得 $F(\alpha_1, \alpha_2, \cdots, \alpha_n) = F(\theta)$.

我们先证明定理在 $n=2$ 时是成立的，也即对 F 上的任意代数元 α、β，我们有 F 上的代数元 θ，使得 $F(\alpha, \beta) = F(\theta)$. 那么对于 $F(\alpha, \beta, \gamma)$ 我们 2 次应用这一结果，即 $F(\alpha, \beta, \gamma) = F(\alpha, \beta)(\gamma) = F(\theta_1)(\gamma) = F(\theta_1, \gamma) = F(\theta)$ 就证得了 $n=3$ 这一情况. 类似地，对于 $F(\alpha_1, \alpha_2, \cdots, \alpha_n)$ 我们 $n-1$ 次应用这一结果就能证明定理了.

下面我们就来讨论 $F(\alpha, \beta)$，其中 α、β 在 F 上的最小多项式分别为 $f(x)$ 和 $g(x)$，而 $\deg f(x) = n$, $\deg g(x) = m$，设 $\alpha_1 = \alpha, \alpha_2, \cdots, \alpha_n$ 是 α 在 F 上共轭的元，由推论 10.6.1 可知，它们是不同的. 类似地，对 β 也有在 F 上不同的共轭元 $\beta_1 = \beta, \beta_2, \cdots, \beta_m$. 考虑形式为

$$\frac{\alpha_i - \alpha_1}{\beta_1 - \beta_j} \tag{10.21}$$

的元，其中 $i = 2, 3, \cdots, n$; $j = 2, 3, \cdots, m$. 因此它们一共有 $(n-1)(m-1)$ 个. 这是一个有限数，而 F 中的元数个数是无限的. 因此总能找到 $d \in F$，满足

$$d \neq \frac{\alpha_i - \alpha_1}{\beta_1 - \beta_j},\ i = 2, \cdots, n;\ j = 2, \cdots, m. \tag{10.22}$$

用这个数 d,构造

$$\theta = \alpha + d\beta. \tag{10.23}$$

(i) 由 $d \in F$,以及 $\theta = \alpha + d\beta$,可知 $F(\alpha, \beta) \supseteq F(\theta)$. 下面我们来证明$F(\theta) \supseteq F(\alpha, \beta)$.

(ii) 由 $\theta = \alpha + d\beta$,可得出 $\theta \neq \alpha_i + d\beta_j$, $i = 2, \cdots, n$; $j = 2, \cdots, m$. 这是因为否则的话,即若对于某一个 i 与某一个 j 有 $\alpha + d\beta = \alpha_i + d\beta_j$ 的话,则 $d = \frac{\alpha_i - \alpha}{\beta - \beta_j}$ 了. 于是可得出

$$\theta - d\beta_j \neq \alpha_i,\ i = 2, \cdots, n;\ j = 2, \cdots, m. \tag{10.24}$$

(iii) α、β 是 F 上的代数元,而 $d \in F$,所以 d 也是 F 上的代数元(参见例10.7.1). 因此,$\theta = \alpha + d\beta$ 是 F 上的代数元(参见定理 10.8.1).

(iv) 利用 α 在 F 上的最小多项式 $f(x) \in F[x]$,定义 $h(x) = f(\theta - dx)$,则 $h(x) \in F(\theta)[x]$.

另外,$h(\beta) = f(\theta - d\beta) = f(\alpha) = 0$,再由 $g(x)$ 是 β 在 F 上的最小多项式,都有 $g(\beta) = 0$. 因此,β 是 $h(x)$ 与 $g(x)$ 的一个公共根.

(v) 然而,β_2, β_3, $\cdots$, β_m 不是 $h(x)$ 的根. 这是因为 $h(\beta_j) = f(\theta - d\beta_j)$,而 $\alpha = \alpha_1 = \theta - d\beta_1 \neq \theta - d\beta_j$,以及 $\alpha_i \neq \theta - d\beta_j$, $i = 2, \cdots, n$, $j = 2, \cdots, m$,所以 $h(\beta_j) \neq 0$, $j = 2, \cdots, m$. 这样,β 就是 $g(x)$ 与 $h(x)$ 的唯一公共根.

(vi) β 是 F 上的代数元,因此 β 一定是 $F(\theta)$ 上的代数元. 不过,β 在 F 上的最小多项式$g(x)$在 $F(\theta)$ 上可能不再是不可约的了. 设 β 在 $F(\theta)$ 上的最小多项式为 $\tilde{g}(x)$,即 $\tilde{g}(x) \in F(\theta)[x]$. 于是 β 是 $h(x) \in F(\theta)[x]$, $g(x) \in F[x] \subset F(\theta)[x]$,以及 $\tilde{g}(x) \in F(\theta)[x]$ 的公共根. 忆及 $\tilde{g}(x)$ 是最小的. 所以在 $F(\theta)$ 上有 $\tilde{g}(x) \mid h(x)$ 及 $\tilde{g}(x) \mid g(x)$(参见定理 10.5.1).

(vii) 因此 $\tilde{g}(x)$ 的每一个根都是 $h(x)$ 与 $g(x)$ 的根. 然而,$g(x)$ 与 $h(x)$ 只有一个公共根 β,因此 $\tilde{g}(x) = x - \beta$. 再从 $\tilde{g}(x) \in F(\theta)[x]$,那就有 $\beta \in F(\theta)$.

(viii) 忆及 $\alpha = \theta - d\beta$, 其中 $d \in F$, $\beta \in F(\theta)$,因此 $\alpha \in F(\theta)$. 于是从 $\beta \in F(\theta)$ 以及 $\alpha \in F(\theta)$,就有 $F(\theta) \supseteq F(\alpha, \beta)$

(ix) 由(i)的结论:$F(\alpha, \beta) \supseteq F(\theta)$,以及(viii)的结论:$F(\theta) \supseteq F(\alpha, \beta)$,最终就有 $F(\alpha, \beta) = F(\theta)$. 定理证毕.

例 10.11.1　$\sqrt{2}$在 $\mathbf{Q}$ 上的共轭元为$-\sqrt{2}$,故 $\alpha=\alpha_1=\sqrt{2}$, $\alpha_2=-\sqrt{2}$,$\sqrt{3}$ 在 $\mathbf{Q}$ 上的共轭元为$-\sqrt{3}$,故 $\beta=\beta_1=\sqrt{3}$, $\beta_2=-\sqrt{3}$. 此时 $n=m=2$. 又 $\frac{\alpha_2-\alpha_1}{\beta_1-\beta_2}=-\frac{\sqrt{2}}{\sqrt{3}}\neq 1$,故取 $d=1$ 有 $\theta=\alpha+\beta=\sqrt{2}+\sqrt{3}$. 于是 $\mathbf{Q}(\sqrt{2},\sqrt{3})=\mathbf{Q}(\sqrt{2}+\sqrt{3})$(参见例 10.10.3).

例 10.11.2　取 $\alpha=\sqrt{2}$, $\beta=\mathrm{i}$. i 在 $\mathbf{Q}$ 上的共轭元为$-\mathrm{i}$. 故$\frac{\alpha_2-\alpha_1}{\beta_1-\beta_2}=\sqrt{2}\mathrm{i}\neq 1$. 于是取 $d=1$,有 $\mathbf{Q}(\sqrt{2},\mathrm{i})=\mathbf{Q}(\sqrt{2}+\mathrm{i})$.

第五部分
代数扩域、有限扩域以及尺规作图

这一部分共分两章.在第十一章中,我们详细地讨论了代数扩域、有限扩域以及代数元域,其中结合了扩域的概念阐述了线性代数中有关线性相关,基以及维数等概念和理论,并利用了这些方法证明了维数公式,讨论了有限扩域的性质,以及最后得出代数元域是代数闭域这一结论.

作为扩域理论的一个应用,我们在第十二章中详细地讨论了尺规作图问题,并在最后彻底解决了三大古典几何难题:三等分任意角,倍立方以及化圆为方.

第十一章

代数扩域、有限扩域与代数元域

§11.1 代数扩域

定义 11.1.1 设域 E 是域 F 的一个扩域，即 E/F，此时若 E 中的每一元都是 F 上的代数元，则称域 E 是域 F 的一个代数扩域.

例 11.1.1 $\mathbf{Q}(\sqrt{2})$中每一元都具有 $a+\sqrt{2}b$ 的形式，其中 $a, b\in\mathbf{Q}$(参见(10.3)). 因为$(x-a-\sqrt{2}b)(x-a+\sqrt{2}b)=x^2-2ax+a^2-2b^2\in\mathbf{Q}[x]$. 所以 $\mathbf{Q}(\sqrt{2})$中每一元都是 $\mathbf{Q}$ 上的代数元，即 $\mathbf{Q}(\sqrt{2})$是 $\mathbf{Q}$ 的一个代数扩域.

例 11.1.2 $\mathbf{C}=\mathbf{R}(\mathrm{i})$，即 $\mathbf{C}$ 中每一元都具有 $a+b\mathrm{i}$ 的形式，其中 $a, b\in\mathbf{R}$(参见例 10.9.3). 因为$(x-a-b\mathrm{i})(x-a+b\mathrm{i})=x^2-2ax+a^2+b^2\in\mathbf{Q}[x]$. 所以每一个复数 $a+b\mathrm{i}$ 都是 $\mathbf{R}$ 上的代数元，即 $\mathbf{C}$ 是 $\mathbf{R}$ 的一个代数扩域.

更一般地有

定理 11.1.1 设 θ 是域 F 上的一个代数元，则单代数扩域 $F(\theta)$是 F 的一个代数扩域.

为了证明这一定理，我们已知的条件之一是：F 是域，θ 是 F 上的一个代数元，因此假定 θ 在 F 上是 n 次的，那么它有互为共轭的元 $\theta_1=\theta, \theta_2, \cdots, \theta_n$. 已知条件之二是：$F(\theta)$是 F 的一个单代数扩域.

从单代数扩域的结构定理 10.9.1 可知任意 $\alpha\in F(\theta)$都可表示为

$$\alpha=a_0+a_1\theta+\cdots+a_{n-1}\theta^{n-1}, \tag{11.1}$$

其中 $a_i\in F$, $i=0, 1, \cdots, n-1$. 为了证明 α 是 F 上的一个代数元，这就必须找到一个 $f(x)\in F[x]$，使得 $f(\alpha)=0$. 为此，

(i) 我们把(11.1)记为 $r(\theta)$，即

$$\alpha=a_0+a_1\theta+\cdots+a_{n-1}\theta^{n-1}=r(\theta) \tag{11.2}$$

再把其中的 θ 看成变元，而引入

$$r(\theta_1) = r(\theta),\ r(\theta_2),\ \cdots,\ r(\theta_n), \tag{11.3}$$

例如其中的 $r(\theta_2) = a_0 + a_1\theta_2 + \cdots + a_{n-1}\theta_2^{n-1}$，等等.

(ii) 由(11.3)中的 $r(\theta_i)$，$i=1, 2, \cdots, n$，定义

$$f(x) = \prod_{i=1}^{n}(x - r(\theta_i)). \tag{11.4}$$

$f(x)$是一个首 1 的 n 次多项式，在其中 $\theta_1, \theta_2, \cdots, \theta_n$ 是对称的，且以多项式的形式出现，因此 $f(x)$中的各系数也就是它们的对称多项式. 因此，由定理 9.13.1 可知，这些系数都是 F 中的元. 所以，$f(x) \in F[x]$.

(iii) 因为 $f(\alpha) = \prod_{i=1}^{n}(\alpha - r(\theta_i)) = (\alpha - r(\theta))(\alpha - r(\theta_2))\cdots(\alpha - r(\theta_n))$，而 $\alpha - r(\theta) = 0$，所以 $f(\alpha) = 0$.

这样，定理 11.1.1 得证. 再者，由定理 10.11.1，我们还有：

推论 11.1.1　若 $\alpha_1, \alpha_2, \cdots, \alpha_n$ 是域 F 上的代数元，则 n 次代数扩域 $F(\alpha_1, \alpha_2, \cdots, \alpha_n)$是 F 的一个代数扩域.

§11.2　代数元集合 $\overline{A}$ 成域的域论证明

在 10.8 中，我们证明过域 F 上的所有代数元集合 $\overline{A}$ 是一个数域——代数元域. 当时我们采用的方法是针对 F 上的两个代数元 α、β，去具体构造 F 上分别以 $\alpha+\beta$, $\alpha\beta$, $-\alpha$, $\alpha^{-1}(\alpha\neq 0)$ 为根的多项式. 在这一节中，我们将用定理 11.1.1，即单代数扩域是代数扩域这一定理来证明，这样既能应用一下这一定理，又能让我们体验一下数学的内在统一性和优美性.

设 $\alpha, \beta \in \overline{A}$, $\beta \neq 0$，构造 $F(\alpha, \beta)$. 由推论 11.1.1 可知 $\alpha+\beta$, $\alpha-\beta$, $\alpha\beta$, $\dfrac{\alpha}{\beta}(\beta\neq 0)$，这 4 个元都属于 $F(\alpha, \beta)$，且是 F 上的代数元，所以 $\alpha+\beta$, $\alpha-\beta$, $\alpha\beta$, $\dfrac{\alpha}{\beta}(\beta\neq 0)$ 都属于 $\overline{A}$.

例 11.2.1　$\sqrt{2}\in A$, $\mathrm{i}\in A$，而例 10.8.1 从$\sqrt{2}+\mathrm{i}$ 是 $x^4 - 2x^2 + 9 \in \mathbf{Q}[x]$ 的一个根，证明了$\sqrt{2}+\mathrm{i} \in A$. 现在可以这样来证明：$\sqrt{2}+\mathrm{i} \in \mathbf{Q}(\sqrt{2})(\mathrm{i}) = \mathbf{Q}(\sqrt{2}+\mathrm{i})$(参见例 10.11.2)，因此$\sqrt{2}+\mathrm{i} \in A$.

§11.3　扩域可能有的基

熟悉线性代数的读者能够看出本节中引入的一些概念、引理和定理是有一定的线性代数背景的. 我们的阐述,既能使读者掌握和应用线性代数中的一些基础知识,又能涉及有关代数扩域、有限扩域,以及代数元域的一些更深入的课题.

定义 11.3.1　设 K/F,即域 K 是域 F 的一个扩域,则元 $\alpha_1, \alpha_2, \cdots, \alpha_r \in K$ 称为在 F 上是线性相关的,如果存在不全为零的数 $c_1, c_2, \cdots, c_r \in F$,使得

$$c_1\alpha_1 + c_2\alpha_2 + \cdots + c_r\alpha_r = 0, \tag{11.5}$$

否则数 $\alpha_1, \alpha_2, \cdots, \alpha_r$ 在 F 上则是线性无关的.

例 11.3.1　设 $K = \mathbf{C}$, $F = \mathbf{R}$, 则 $x^3 - 1$ 的 3 个根 1, ω, ω^2(参见例 8.2.5),满足 $1+\omega+\omega^2=0$,所以它们在 $\mathbf{R}$ 上是线性相关的.

例 11.3.2　设 $K = \mathbf{R}$, $F = \mathbf{Q}$,则 $1, \sqrt{2} \in \mathbf{R}$ 在 $\mathbf{Q}$ 上是线性无关的. 这是因为若存在 $q, p \in \mathbf{Q}$,能使得 $q + p\sqrt{2} = 0$,则有下列两种情况:(i) $q=0$,则必有 $p = 0$;(ii)$q \neq 0$,则必有 $p \neq 0$,此时$\sqrt{2} = -\dfrac{q}{p} \in \mathbf{Q}$. 所以只有(i)成立.

例 11.3.3　设 $K = \mathbf{C}$, $F = \mathbf{R}$, 则 $1, \mathrm{i} \in \mathbf{C}$ 在 $\mathbf{R}$ 上是线性无关的. 这是因为类似于上例,由 $c_1 \cdot 1 + c_2\mathrm{i} = 0$, $c_1, c_2 \in \mathbf{R}$,能推出 $c_1 = c_2 = 0$.

由例 11.1.2,从 $\mathbf{C} = \mathbf{R}(\mathrm{i})$, 有 $\mathbf{C} = ((1, \mathrm{i}))$,即 $\mathbf{C}$ 是由 1、i 在 $\mathbf{R}$ 上张成的. 现在例 11.3.3 又告诉我们,1、i 在 $\mathbf{R}$ 是线性无关的. 现在我们就把这两点结合起来,展开下面的讨论.

定义 11.3.2　设 K/F,K 中存在的一组元 $\beta_1, \beta_2, \cdots, \beta_s$ 称为构成 K 在 F 上的一个基,如果对 K 中的任意元 β,在 F 中都存在唯一的一组数 $d_1, d_2, \cdots, d_s$,使得

$$\beta = d_1\beta_1 + d_2\beta_2 + \cdots + d_s\beta_s. \tag{11.6}$$

根据这一定义,我们首先可以得出基中的这 s 个元是线性无关的. 这是因为如果 $\beta_1, \beta_2, \cdots, \beta_s$ 是线性相关的,则有不全为零的 $e_1, e_2, \cdots, e_s$ 使得

$$e_1\beta_1 + e_2\beta_2 + \cdots + e_s\beta_s = 0, \tag{11.7}$$

而

$$0\beta_1+0\beta_2+\cdots+0\beta_s=0. \tag{11.8}$$

这样 $0\in K$ 就有两种不同的表示形式了. 这与定义 11.3.2 中的唯一性矛盾.

例 11.3.4 由 $\mathbf{C}=\{a+b\mathrm{i}\mid a,\ b\in\mathbf{R}\}$，不难得出 1，i 是 $\mathbf{C}$ 在 $\mathbf{R}$ 上的一个基. 然而，对于 $\mathbf{R}/\mathbf{Q}$，我们却找不到 $\mathbf{R}$ 在 $\mathbf{Q}$ 上的一个基. 这表明 $\mathbf{R}/\mathbf{Q}$ 不同于 $\mathbf{C}/\mathbf{R}$(参见§14.7).

设 θ 在 F 上是 n 次的，则由单代数扩域的结构定理 10.9.1 可知，任意 $\alpha\in F(\theta)$ 都可唯一地表示为

$$\alpha=a_0+a_1\theta+\cdots+a_{n-1}\theta^{n-1}, \tag{11.9}$$

其中 $a_i\in F,\ i=0,\ 1,\ \cdots,\ n-1$. 所以我们可以说 $1,\ \theta,\ \cdots,\ \theta^{n-1}$ 构成了 $F(\theta)$ 在 F 上的一个基. 而且符号 $F(\theta)=((1,\ \theta,\ \theta^2,\ \cdots,\ \theta^{n-1}))$ 可更精确地说成：$F(\theta)$ 是由基 $1,\ \theta,\ \cdots,\ \theta^{n-1}$ 在 F 上(线性)张成的.

例 11.3.5 例 10.10.2 给出 $\mathbf{Q}(\sqrt{2},\sqrt{3})=((1,\sqrt{2},\sqrt{3},\sqrt{6}))$. 这表明 $1,\sqrt{2},\sqrt{3},\sqrt{6}$ 是 $\mathbf{Q}(\sqrt{2},\sqrt{3})$ 在 $\mathbf{Q}$ 上的一个基. 例 10.10.3 给出了 $1,\sqrt{2}+\sqrt{3},(\sqrt{2}+\sqrt{3})^2,(\sqrt{2}+\sqrt{3})^3$，也是 $\mathbf{Q}(\sqrt{2},\sqrt{3})$ 在 $\mathbf{Q}$ 上的一个基(参见例 10.11.1). 这说明 K/F，且当 K 在 F 上如果有基的话，就可以有不同的基. 那么不同基中元的个数是否是一样的？不同基又是如何联系在一起的？这正是我们在下一节中要加以讨论的.

§11.4 有限扩域

引理 11.4.1 若 K 在 F 上有一个由 s 个元构成的基，那么 K 中任意 t 个元，在 $t>s$ 时，在 F 上总是线性相关的.

事实上，设 $\beta_1,\ \beta_2,\ \cdots,\ \beta_s$ 是 K 在 F 上的一个基，而 $\alpha_1,\ \alpha_2,\ \cdots,\ \alpha_t$ 是任意 t 个元，且 $t>s$. 我们用 $\beta_1,\ \beta_2,\ \cdots,\ \beta_s$ 将 $\alpha_1,\ \cdots,\ \alpha_t$ 表示为

$$\alpha_i=\sum_{j=1}^{s}a_{ij}\beta_j,\ i=1,\ 2,\ \cdots,\ t, \tag{11.10}$$

其中 $a_{ij}\in F,\ i=1,\ 2,\ \cdots,\ t;\ j=1,\ 2,\ \cdots,\ s$. 用这 ts 个数 $a_{ij}\in F$，构成下列线性方程组：

$$\sum_{i=1}^{t} a_{ij} x_i = 0,\ j = 1, 2, \cdots, s. \tag{11.11}$$

这是 t 个未知元 x_i, $i=1, 2, \cdots, t$, s 个方程构成的一个齐次方程组,且 $t>s$(未知元个数大于约束方程),所以它有一个不全为零的解 $c_1, c_2, \cdots, c_t \in F$(参见附录 6),即

$$\sum_{i=1}^{t} a_{ij} c_i = 0,\ j = 1, 2, \cdots, s, \tag{11.12}$$

由此得出下列算式

$$\sum_{i=1}^{t} c_i \alpha_i = \sum_{i=1}^{t} c_i \sum_{j=1}^{s} a_{ij} \beta_j = \sum_{j=1}^{s} \beta_j \sum_{i=1}^{t} a_{ij} c_i = 0. \tag{11.13}$$

这表明 $\alpha_1, \alpha_2, \cdots, \alpha_t$ 在 F 上是线性相关的.

如果 $\alpha_1, \alpha_2, \cdots, \alpha_t$; $\beta_1, \beta_2, \cdots, \beta_s$ 是 K 在 F 上的两个基,若 $s \neq t$,不失一般性可假定 $t>s$. 于是由引理 11.4.1 可推得 $\alpha_1, \alpha_2, \cdots, \alpha_t$ 是线性相关的. 然而,这就与 $\alpha_1, \alpha_2, \cdots, \alpha_t$ 是一个基矛盾了. 这样,我们就证得了:

定理 11.4.1　如果 $\alpha_1, \alpha_2, \cdots, \alpha_t$; $\beta_1, \beta_2, \cdots, \beta_s$ 是 K 在 F 上的两个基,则 $t=s$.

这一个 t 称为 K 在 F 上的维数,记为 $[K: F]$. 于是 $t=[K: F]$.

例 11.4.1　设 θ 是 F 上的一个 n 次代数元,则由 §10.7,以及 §11.3 可知 $n=$(θ 在 F 上最小多项式的次数)$=[F(\theta): F]$.

定义 11.4.1　若 K/F,且 $[K: F]=n \in \mathbf{N}^*$,则称 K 为 F 上的一个 n 维有限扩域. 否则则称 K 为 F 的一个无限扩域.

例 11.4.2　例 10.10.2 给出 $\mathbf{Q}(\sqrt{2}, \sqrt{3})=((1, \sqrt{2}, \sqrt{3}, \sqrt{6}))$,因此 $[\mathbf{Q}(\sqrt{2}, \sqrt{3}): \mathbf{Q}]=4$. 又 $\mathbf{Q}(\sqrt{2}, \sqrt{3})=\mathbf{Q}(\sqrt{2}+\sqrt{3})$. 由例 10.10.3 可知 $\sqrt{2}+\sqrt{3}$ 在 $\mathbf{Q}$ 上是 4 次的. 事实上,它在 $\mathbf{Q}$ 上的最小多项式为 x^4-10x^2+1.

定理 11.4.2　设 K 是 F 上的一个 n 维扩域,那么 K 中任意 n 个在 F 上线性无关的元都构成 K 在 F 上的一个基.

设 $\alpha_1, \alpha_2, \cdots, \alpha_n$ 是 K 的 n 个在 F 上线性无关的元. 为了证明 $\alpha_1, \alpha_2, \cdots, \alpha_n$ 是 K 在 F 上的一个基,我们要证明: 对任意 $\alpha \in K$ 有

$$\alpha = d_1\alpha_1 + d_2\alpha_2 + \cdots + d_n\alpha_n \tag{11.14}$$

其中 $d_i \in F$, $i=1, 2, \cdots, n$, 而且(11.14)的表示是唯一的. 为此

(i) 利用 $[K: F]=n$, 而设 $\beta_1, \beta_2, \cdots, \beta_n$ 是 K 在 F 上的一个基. 于是 $K=((\beta_1, \beta_2, \cdots, \beta_n))$, 而有

$$\alpha_i = \sum_{j=1}^{n} a_{ij}\beta_j, \ i=1, 2, \cdots, n, \ a_{ij} \in F, \tag{11.15}$$

$$\alpha = \alpha_0 = \sum_{j=1}^{n} a_{0j}\beta_j. \tag{11.16}$$

(ii) 由(11.15)及(11.16),构造 $n+1$ 个未知元 $x_0, x_1, \cdots, x_n$ 的由下列 n 个方程构成的一个线性方程组:

$$\sum_{i=0}^{n} a_{ij}x_i = 0, \ j=1, 2, \cdots, n. \tag{11.17}$$

这是一个由 $n+1$ 个未知元,n 个方程构成的齐次方程组. 因此,有不全为零的 $c_i \in F$, $i=0, 1, 2, \cdots, n$ 满足(参见附录 6)

$$\sum_{i=0}^{n} a_{ij}c_i = 0, \ j=1, 2, \cdots, n. \tag{11.18}$$

(iii) 用这样得出的 $c_0, c_1, \cdots, c_n$ 构成 $\sum_{i=0}^{n} c_i\alpha_i$, 并利用(11.15), (11.16)及(11.18)作下列计算:

$$\sum_{i=0}^{n} c_i\alpha_i = \sum_{i=0}^{n} c_i \sum_{j=1}^{n} a_{ij}\beta_j = \sum_{j=1}^{n}\beta_j \sum_{i=0}^{n} c_i a_{ij} = 0. \tag{11.19}$$

(11.19)左边的 $c_0 \neq 0$. 否则若 $c_0 = 0$, 则 $c_1, c_2, \cdots, c_n$ 不全为零,那么(11.19)表明 $\alpha_1, \alpha_2, \cdots, \alpha_n$ 在 F 上线性相关.

(iv) 由 $\sum_{i=0}^{n} c_i\alpha_i = 0$, 有 $c_0\alpha + c_1\alpha_1 + \cdots + c_n\alpha_n = 0$, 又 $c_0 \neq 0$. 于是

$$\begin{aligned}\alpha &= -\frac{c_1}{c_0}\alpha_1 - \frac{c_2}{c_0}\alpha_2 - \cdots - \frac{c_n}{c_0}\alpha_n \\ &= d_1\alpha_1 + d_2\alpha_2 + \cdots + d_n\alpha_n,\end{aligned} \tag{11.20}$$

其中 $d_i = -\frac{c_i}{c_0}$, $i=1, 2, \cdots, n$. (11.14)得证.

(v) 如果 α 另有表示

$$\alpha = e_1\alpha_1 + e_2\alpha_2 + \cdots + e_n\alpha_n, \tag{11.21}$$

则

$$\alpha - \alpha = 0 = (d_1 - e_1)\alpha_1 + (d_2 - e_2)\alpha_2 + \cdots + (d_n - e_n)\alpha_n, \tag{11.22}$$

再由 $\alpha_1, \alpha_2, \cdots, \alpha_n$ 在 F 上是线性无关的，就有 $d_i = e_i$, $i = 1, 2, \cdots, n$. (11.14)的唯一性得证.

下面的定理给出基 $\alpha_1, \alpha_2, \cdots, \alpha_n$ 与基 $\beta_1, \beta_2, \cdots, \beta_n$ 之间的关系.

定理 11.4.3　假定 $\alpha_1, \alpha_2, \cdots, \alpha_n$ 是 K 在 F 上的一个基，而 $\beta_1, \cdots, \beta_n$ 可表示为

$$\beta_j = \sum_{i=1}^{n} a_{ij}\alpha_i,\ j = 1, 2, \cdots, n,\ a_{ij} \in F, \tag{11.23}$$

那么 $\beta_1, \beta_2, \cdots, \beta_n$ 也是 K 在 F 上的一个基的充要条件是行列式 $|a_{ij}| \neq 0$.

(i) 设 $|a_{ij}| \neq 0$. 此时按定理 11.4.2 只要证明 $\beta_1, \beta_2, \cdots, \beta_n$ 在 F 上是线性无关的就能说明 $\beta_1, \cdots, \beta_n$ 是一个基了.

(ii) 假定有 $\sum\limits_{j=1}^{n} c_j\beta_j = 0$, $c_j \in F$. 于是由(11.23)得到

$$0 = \sum_{j=1}^{n} c_j \sum_{i=1}^{n} a_{ij}\alpha_i = \sum_{i=1}^{n} \alpha_i \sum_{j=1}^{n} c_j a_{ij}, \tag{11.24}$$

因为 $\alpha_1, \alpha_2, \cdots, \alpha_n$ 是线性无关的，这就有

$$\sum_{j=1}^{n} c_j a_{ij} = 0,\ i = 1, 2, \cdots, n. \tag{11.25}$$

(iii) 由(11.25)构造 n 个变元 $x_1, x_2, \cdots, x_n$ 给出的下列 n 个方程构成的齐次方程组

$$\sum_{j=1}^{n} a_{ij}x_j = 0,\ i = 1, 2, \cdots, n. \tag{11.26}$$

由(11.25)可知，$c_1, c_2, \cdots, c_n$ 是(11.26)的解. 但由解线性方程组的克莱姆法则(参见附录 6)，可知在 $|a_{ij}| \neq 0$ 时，(11.26)只有唯一的解 $c_1 = c_2 = \cdots = c_n = 0$. 于是我们证得了：$|a_{ij}| \neq 0$ 是 $\beta_1, \beta_2, \cdots, \beta_n$ 构成一个基的充分条件.

(iv) 现在来证 $|a_{ij}|\neq 0$ 是必要条件：即若 $|a_{ij}|=0$，则 $\beta_1, \beta_2, \cdots, \beta_n$ 线性相关，因此它们不构成一个基.

由 $|a_{ij}|=0$，则(11.26)就有不全为零的解(参见附录 6)$c_j\in F$, $j=1, 2, \cdots, n$，即

$$\sum_{j=1}^{n} c_j a_{ij}=0,\ i=1,2,\cdots,n, \tag{11.27}$$

于是

$$\begin{aligned}\sum_{j=1}^{n} c_j\beta_j &= \sum_{j=1}^{n} c_j \sum_{i=1}^{n} a_{ij}\alpha_i \\ &= \sum_{i=1}^{n}\alpha_i \sum_{j=1}^{n} c_j a_{ij}=0.\end{aligned} \tag{11.28}$$

这样就得出 $\beta_1, \beta_2, \cdots, \beta_n$ 线性相关了，必要条件证毕.

例 11.4.3 由例 10.10.3，有 $\mathbf{Q}(\sqrt{2},\sqrt{3})=((1,\sqrt{2},\sqrt{3},\sqrt{6}))=\mathbf{Q}(\sqrt{2}+\sqrt{3})=((1,\sqrt{2}+\sqrt{3},(\sqrt{2}+\sqrt{3})^2,(\sqrt{2}+\sqrt{3})^3))$，以及基 $1,\sqrt{2},\sqrt{3},\sqrt{6}$ 与基 $1,\sqrt{2}+\sqrt{3},(\sqrt{2}+\sqrt{3})^2,(\sqrt{2}+\sqrt{3})^3$ 之间有用矩阵表示的下列关系：

$$\begin{pmatrix}1\\ \sqrt{2}+\sqrt{3}\\ (\sqrt{2}+\sqrt{3})^2\\ (\sqrt{2}+\sqrt{3})^3\end{pmatrix}=\begin{pmatrix}1&0&0&0\\0&1&1&0\\5&0&0&2\\0&11&9&0\end{pmatrix}\begin{pmatrix}1\\ \sqrt{2}\\ \sqrt{3}\\ \sqrt{6}\end{pmatrix},$$

以及

$$\begin{pmatrix}1\\ \sqrt{2}\\ \sqrt{3}\\ \sqrt{6}\end{pmatrix}=\begin{pmatrix}1&0&0&0\\0&-\frac{9}{2}&0&\frac{1}{2}\\0&\frac{11}{2}&0&-\frac{1}{2}\\-\frac{5}{2}&0&\frac{1}{2}&0\end{pmatrix}\begin{pmatrix}1\\ \sqrt{2}+\sqrt{3}\\ (\sqrt{2}+\sqrt{3})^2\\ (\sqrt{2}+\sqrt{3})^3\end{pmatrix},$$

容易验证

$$\begin{vmatrix}1&0&0&0\\0&1&1&0\\5&0&0&2\\0&11&9&0\end{vmatrix}=4,\quad \begin{vmatrix}1&0&0&0\\0&-\frac{9}{2}&0&\frac{1}{2}\\0&\frac{11}{2}&0&-\frac{1}{2}\\-\frac{5}{2}&0&\frac{1}{2}&0\end{vmatrix}=\frac{1}{4}.$$

克莱姆法则中的克莱姆指的是瑞士数学家 Gabriel Cramer(1704—1752). 他在 1750 年出版的《线性代数分析导论》一书中发表了他的这一成果.

例 11.4.4　设 θ 是 F 上的一个 n 次代数元,则由例 11.4.1 可知 F 的单代数扩域 $F(\theta)$ 满足 $[F(\theta):F]=n$. 因此 $F(\theta)$ 是 F 的有限扩域.

单代数扩域一定是有限扩域,那么有限扩域是否一定是单代数扩域呢? 我们在 §11.6 中讨论这个问题.

§11.5　维数公式

例 11.5.1　由例 10.9.2,从 $\mathbf{Q}[\sqrt{2}]=((1,\sqrt{2}))$,有 $[\mathbf{Q}[\sqrt{2}]:\mathbf{Q}]=2$. 由例 10.10.2,从 $\mathbf{Q}(\sqrt{2},\sqrt{3})=\mathbf{Q}(\sqrt{2})(\sqrt{3})=\{(a+b\sqrt{2})+(c+d\sqrt{2})\sqrt{3}\mid a+b\sqrt{2},c+d\sqrt{2}\in\mathbf{Q}[\sqrt{2}]\}$ 有 $[\mathbf{Q}(\sqrt{2},\sqrt{3}):\mathbf{Q}(\sqrt{2})]=2$,而 $\mathbf{Q}(\sqrt{2},\sqrt{3})=\{a+b\sqrt{2}+c\sqrt{3}+d\sqrt{6}\mid a,b,c,d\in\mathbf{Q}\}$,即有 $[\mathbf{Q}(\sqrt{2},\sqrt{3}):\mathbf{Q}]=4$. 所以有 $[\mathbf{Q}(\sqrt{2},\sqrt{3}):\mathbf{Q}]=[\mathbf{Q}(\sqrt{2},\sqrt{3}):\mathbf{Q}(\sqrt{2})]\cdot[\mathbf{Q}(\sqrt{2}):\mathbf{Q}]$.

一般地,我们有

定理 11.5.1(维数公式)　对于扩域链 $E\supset K\supset F$,若 K 是 F 的有限扩域,以及 E 是 K 的有限扩域,那么 E 是 F 的有限扩域,且

$$[E:F]=[E:K]\cdot[K:F]. \tag{11.29}$$

事实上,若 $K=((\alpha_1,\alpha_2,\cdots,\alpha_n))$,即 $\alpha_1,\alpha_2,\cdots,\alpha_n$ 是 K 在 F 上的一个基,以及 $E=((\beta_1,\beta_2,\cdots,\beta_m))$,即 $\beta_1,\beta_2,\cdots,\beta_m$ 是 E 在 K 上的一个基,则 mn 个积 $\alpha_i\beta_j$, $i=1,2,\cdots,n$; $j=1,2,\cdots,m$ 构成了 E 在 F 上的一个基:

(i) mn 个积 $\alpha_i\beta_j$,在 F 上是线性无关的.

若存在 $c_{ij}\in F$, $i=1,2,\cdots,n$; $j=1,2,\cdots,m$,使得

$$\sum_{i=1}^{n}\sum_{j=1}^{m}c_{ij}d_i\beta_j=\sum_{j=1}^{m}(\sum_{i=1}^{n}c_{ij}\alpha_i)\beta_j=0,\tag{11.30}$$

其中,因为各 $c_{ij}\in F$, $\alpha_i\in K$,所以 $\sum_{i=1}^{n}c_{ij}\alpha_i\in K$. 但由于 $\beta_1, \beta_2, \cdots, \beta_m\in E$,它们在 K 上是线性无关的,这样就有

$$\sum_{i=1}^{n}c_{ij}\alpha_i=0,\quad j=1, 2, \cdots, m.\tag{11.31}$$

因为 $\alpha_1, \alpha_2, \cdots, \alpha_n$ 在 F 上是线性无关的,故由此式得出 $c_{ij}=0$, $i=1, 2, \cdots, n$; $j=1, 2, \cdots, m$. 所以 mn 个积 $\alpha_i\beta_j$, $i=1, 2, \cdots, n$; $j=1, 2, \cdots, m$ 在 F 上线性无关.

(ii) 证明 $\alpha_i\beta_j$, $i=1, 2, \cdots, n$; $j=1, 2, \cdots, m$ 构成了 E 在 F 上的一个基. 这也就是要证明对任意 $\alpha\in E$,存在 $c_{ij}\in F$, $i=1, 2, \cdots, n$; $j=1, 2, \cdots, m$ 使得 $\alpha=\sum_{i=1}^{n}\sum_{j=1}^{m}c_{ij}\alpha_i\beta_j$. 为此,先按 $\alpha\in E=((\beta_1, \beta_2, \cdots, \beta_m))$ 写出 $\alpha=\sum_{j=1}^{m}\gamma_j\beta_j$,其中 $\gamma_j\in K$, $j=1, 2, \cdots, m$. 再利用 $K=((\alpha_1, \alpha_2, \cdots, \alpha_n))$,将 γ_j 表成 $\gamma_j=\sum_{i=1}^{n}c_{ij}\alpha_i$, $c_{ij}\in F$, 其中 $i=1, 2, \cdots, n$; $j=1, 2, \cdots, m$. 于是把上述综合起来就有

$$\alpha=\sum_{j=1}^{m}\gamma_j\beta_j=\sum_{j=1}^{m}\sum_{i=1}^{n}c_{ij}\alpha_i\beta_j.\tag{11.32}$$

因此 $\alpha_i\beta_j$ 构成了 E 在 F 上的一个基.

(iii) 由 $[K: F]=n$, $[E: K]=m$, 以及 $[E: F]=mn$, 这就有(11.29),定理证毕.

§ 11.6 有限扩域的性质

我们先来建立有限扩域与代数扩域之间的联系.

设 K 是 F 的一个有限扩域,且 $[K: F]=n$,于是根据引理 11.4.1. 对于 K 中任意元 α 可知: $1, \alpha, \alpha^2, \cdots, \alpha^n$ 这 $n+1$ 个元一定是线性相关的. 因此存在不全为零的 $c_0, c_1, \cdots, c_n\in F$,使得

$$c_0+c_1\alpha+c_2\alpha^2+\cdots+c_n\alpha^n=0, \tag{11.33}$$

于是就存在 $f(x)=c_0+c_1x+c_2x^2+\cdots+c_nx^n\in F[x]$，有 $F(\alpha)=0$ 这说明 α 是 F 上的一个代数元，而 K 就是 F 的一个代数扩域. 这就是

定理 11.6.1　若 K 是 F 的一个有限扩域，那么 K 是 F 的一个代数扩域.

例 11.6.1　对于 $F=\mathbf{Q}$, $K=\mathbf{Q}(\sqrt{3})$，从 $[K:\mathbf{Q}]=2$，可知 $K=\mathbf{Q}(\sqrt{3})$ 是 $\mathbf{Q}$ 的一个代数扩域. 事实上 K 中任意元 $a+b\sqrt{3}$, a, $b\in\mathbf{Q}$, 在 $\mathbf{Q}$ 上有最小多项式 $x^2-2ax+a^2-3b^2$，因而 $a+b\sqrt{3}$ 是 $\mathbf{Q}$ 上的代数数.

不过，若 K 是 F 的一个代数扩域，那么 K 是否是 F 的有限扩域呢？这个问题，我们将在 §14.7 中说明.

其次，我们讨论有限扩域与单代数扩域之间的关系.

例 11.4.4 告诉我们：F 的单代数扩域 K 一定是 F 的有限扩域. 于是由定理 10.11.1 可知：若 K 是 F 的一个多次代数扩域，则 K 是 F 的一个有限扩域.

现设 E 是 F 的一个有限扩域，且 $[E:F]=n$. 我们来证明此时 E 是 F 的一个单代数扩域.

(i) 由 $[E:F]=n$，任取 E 在 F 上的一个基 $\alpha_1, \alpha_2, \cdots, \alpha_n$. 由定理 11.6.1 可知 $\alpha_1, \alpha_2, \cdots, \alpha_n$ 都是 F 上的代数元. 构造 $G=F(\alpha_1, \alpha_2, \cdots, \alpha_n)$.

(ii) 因为 $\alpha_1, \alpha_2, \cdots, \alpha_n\in E$, 所以 $E\supseteq G$. 因为 $\alpha_1, \alpha_2, \cdots, \alpha_n$ 是 E 在 F 上的一个基，所以对任意 $\alpha\in E$，有 $\alpha=a_1\alpha_1+\cdots+a_n\alpha_n$, $a_i\in F$, $i=1, 2, \cdots, n$. 因此 $\alpha\in G$. 也即 $G\supseteq E$. 于是最后有 $E=F(\alpha_1, \alpha_2, \cdots, \alpha_n)=F(\theta)$，即 E 是 F 的一个单代数扩域. 这样我们就证得了：

定理 11.6.2　K 是 F 的有限扩域，当且仅当 K 是 F 的一个单代数扩域.

这也是说，多次添加代数元而构成的扩域与有限扩域是等同的.

我们还能把定理 11.6.1 更精细化地表述. 为此，设 E/F，且 $[E:F]=n$. 对 E 中任意元 α，由定理 11.6.1，可知它是 F 上的代数元. 因此有 $F(\alpha)$，且 $[F(\alpha):F]=m\in\mathbf{N}^*$. 利用域链 $E\supset F(\alpha)\supset F$，而 $[E:F]=[E:F(\alpha)]\cdot[F(\alpha):F]$，就有 $m|n$，其中 m 就是 α 在 F 上的次数. 这就有：

推论 11.6.1　若 E/F，且 $[E:F]=n$，那么 E 中任意元 α 都是 F 上的代数元，且 α 在 F 上的次数是 n 的一个因数.

例 11.6.2　设 $E=\mathbf{Q}(\sqrt{2}, \sqrt{3})$ 及 $F=\mathbf{Q}$, 对 $\sqrt{6}\in E$，它在 $\mathbf{Q}$ 上的不可约多项式为 x^2-6，因此 $\sqrt{6}$ 是 $\mathbf{Q}$ 上的一个 2 次代数元. 这与由 $\mathbf{Q}[\sqrt{6}]=((1,$

$\sqrt{6}$)) 给出的$[\mathbf{Q}(\sqrt{6}):\mathbf{Q}]=2$一致. 此时 $2|4$ 也印证了推论 11.6.1.

还有一点要说明一下. 在§10.10 中定义多次代数扩域时,我们把扩域 $F(\alpha,\beta)$中的α、β都指定为F上的代数元. 如果现在α仍是F上的代数元,而β是$F(\alpha)$上的代数元的话,情况会不会有所不同?

为了解答这个问题,我们构造

$$E=F(\alpha,\beta)\supset K=F(\alpha)\supset F. \tag{11.34}$$

根据前述K是F的一个有限扩域,E是K的一个有限扩域,而E就是F的一个有限扩域. 所以E中的每一个元,包括β,都是F上的代数元. 最初假定β是$F(\alpha)$上的代数元,它原来也是F上的代数元.

§11.7 代数元域是代数闭域

在§3.4 中,我们说过复数域是代数闭域. 这指的是代数基本定理的结论: 任意复系数多项式的根仍是复数. 下面我们要证明: 以域F的代数元为系数的多项式,它的根仍然是F上的代数元,以结束本章的讨论.

设α是多项式

$$f(x)=\alpha_n x^n+\alpha_{n-1}x^{n-1}+\cdots+\alpha_0 \tag{11.35}$$

的根,其中α_i, $i=0, 1, 2, \cdots, n$,是F上的代数元.

(i) 由α_i, $i=0, 1, \cdots, n$是F上的代数元. 先构造$n+1$次代数扩域

$$K=F(\alpha_0,\alpha_1,\cdots,\alpha_n). \tag{11.36}$$

K是F的一个有限扩域,且$\alpha_i\in K$. 于是(11.35)中的$f(x)\in K[x]$.

(ii) 由$f(\alpha)=0$,可知α是K上的一个代数元,从而可构成$E=K(\alpha)$. 这样,就有域链

$$E=K(\alpha)\supset K=F(\alpha_0,\alpha_1,\cdots,\alpha_n)\supset F. \tag{11.37}$$

(iii) 由定理 11.5.1 可知$E=K(\alpha)$是F的一个有限扩域,进而由定理 11.6.1 可知$E=K(\alpha)$是F的一个代数扩域. 所以,E中的元,包括α,都是F上的代数元.

这样,我们就证得了:

定理 11.7.1 域F上的代数元域是代数闭域.

第十二章

扩域理论的一个应用——尺规作图问题

§12.1 尺规作图的公理与可作点

尺规作图指的是用无刻度的尺与圆规，在有限步骤内在平面上作出图形. 为此，我们将平面上的坐标点(a, b)与复数$a+b\mathrm{i}$视为同一. 这里的尺规可作法，由下列可作公理给出：

(i) 平面中可选任意两点，一点作为原点$(0, 0)$，一点选作$(1, 0)$. 这两点作为基本可作点，而它们之间的距离取为单位长度 1.

(ii) 由两个可作点，用尺可作出一可作直线，或可作线段.

(iii) 两个可作点之间的距离称为可作长度. 以可作点为圆心，可作长度为半径，用圆规可作出一个可作圆.

(iv) 两条可作直线的交点是一个可作点.

(v) 一条可作直线与一个可作圆的交点是一个可作点.

(vi) 两个可作圆的交点是一个可作点.

例 12.1.1 给定可作直线l，以及l外的一个可作点A(图 12.1.1)，则过A点，且平行l的直线k可作.

设B、C是确定l的两个可作点. 于是以A为圆心，AC为半径的圆可作.

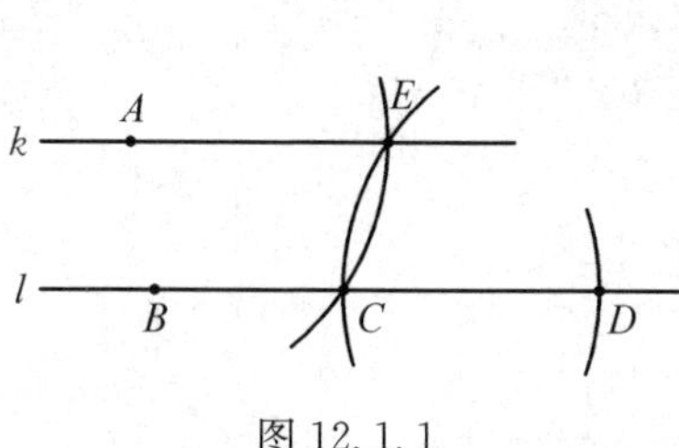

图 12.1.1

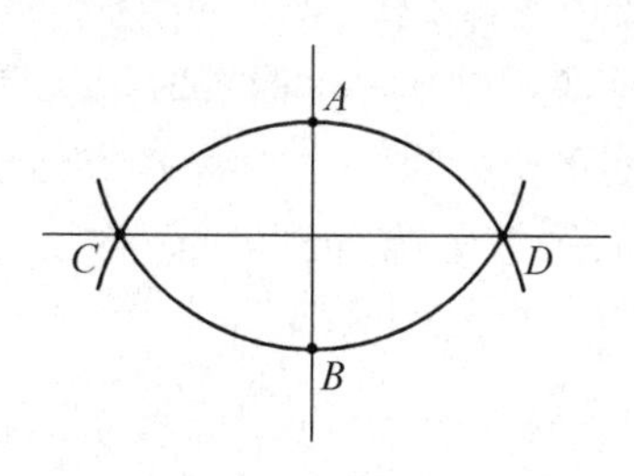

图 12.1.2

再以 C 为圆心，AC 为半径作第二个圆，它与 l 有两个交点，取其中的一点为 D. 然后，以 D 为圆心，$CD = AC$ 为半径作第三个圆，它与第一个圆的交点为 C、E. 于是 E 是可作的. 最后用尺连结 A、E. 直线 AE 符合要求.

例 12.1.2 给定一条由可作点 A、B 确定的可作线段(图 12.1.2)，它的垂直平分线是可作直线.

分别以 A、B 为圆心，半径为 AB 作两个圆，那么它们的交点 C 和 D 是可作点. 于是由 C、D 确定的直线可作，它就是 AB 的垂直平分线.

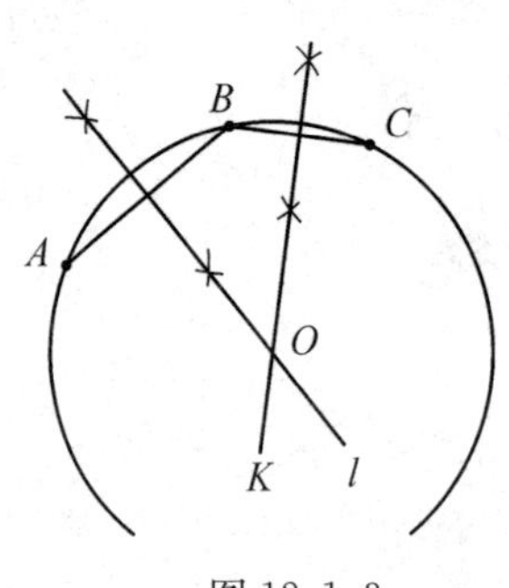

图 12.1.3

例 12.1.3 不在一直线上的 3 个可作点可确定一个可作圆.

由图 12.1.3 中给出的可作点 A、B、C，按例 12.1.2 分别作出 AB 与 BC 的垂直平分线 k 与 l. 以它们的交点 O 为圆心，$AO = BO = CO$ 为半径的可作圆符合要求.

§12.2 可作公理的推论

公理(i)假设了我们有可作点 O，它的坐标为(0, 0)，以及还有可作点 A，它的坐标为(1, 0). 由公理(iii)可知(0, 0)与(0, 0)之间的距离 0，以及(0, 0)与(1, 0)之间的距离 1 都是可作长度. 公理(ii)和(iii)分别规定了尺与规的功能. 公理(iv)，(v)和(vi)表示了新可作点可以通过下列方式产生：作两条可作直线的交点；作一条可作直线与一个可作圆的交点；以及作两个可作圆的交点.

按图 12.2.1，连结 O 与 A 两点，这就作出了实数轴. 由此，以 O 为圆心，OA 为半径可作一个圆 O. 设该圆与实轴的另一个交点为 B. 按例 12.1.2 作 AB 的垂直平分线，这样就作出了虚数轴——坐标系确立了. 我们以前认定 O 点的坐标为(0, 0)，且 A 点的坐标为(1, 0)，它们的意义就清楚了. 显然，在图 12.2.1 中 B：$(-1, 0) = -1$，C：$(0, 1) = \mathrm{i}$，以及 D：$(0, -1) = -\mathrm{i}$. (参见§3.1)

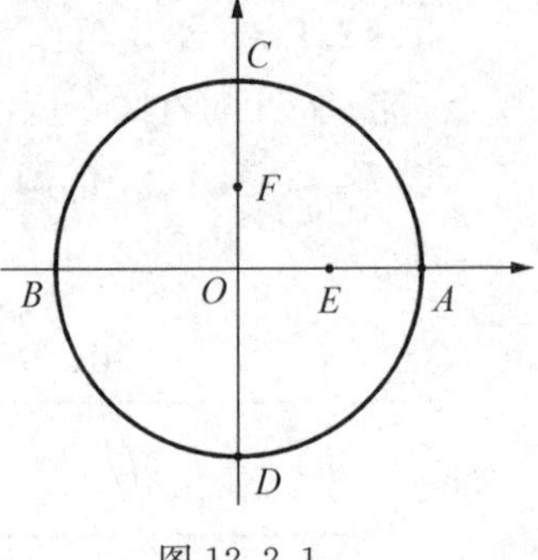

图 12.2.1

我们还能作出 OA 的中点 E：$\left(\frac{1}{2}, 0\right)=\frac{1}{2}$，$OC$ 的中点 F：$\left(0, \frac{1}{2}\right)=\frac{1}{2}\mathrm{i}$，…… 还有 AC 的长度 $\sqrt{2}$ 就是一个可作长度，……我们可以一直这样作下去. 不过如果做一个系统的研究，那就能将所有的可作图形"一网打尽"了.

§12.3　可作数与实可作数域

上面定义了可作点、可作直线、可作长度、可作圆这些概念. 现在来定义可作数：

定义 12.3.1　复数 $a+b\mathrm{i}\in\mathbf{C}$，$a, b\in\mathbf{R}$，是一个可作数，当且仅当与它对应的坐标点 (a, b) 是可作的.

例 12.3.1　由图 12.2.1 可知：从 $(0, 0)$ 及 $(1, 0)$ 可作，所以数 $0, 1$ 可作；从 $(-1, 0)$，$(0, 1)$，$(0, -1)$，$\left(\frac{1}{2}, 0\right)$ 可作分别可得出：$-1, \mathrm{i}, -\mathrm{i}, \frac{1}{2}$ 都可作.

由定义 12.3.1 可知 $a\in\mathbf{R}$ 是可作的，当且仅当 $(a, 0)$ 是可作的. 另外，§12.1 定义的可作长度是可作数. 下面我们先来证明：

定理 12.3.1　所有实可作数构成一个域，记为 $\mathscr{K}$.

设所有实可作数构成集合 $\mathscr{K}$. 则 $0, 1, -1, \frac{1}{2}\in\mathscr{K}$. 为了证明 $\mathscr{K}$ 构成域，按 §10.2，我们有：

(i) 设 $a, b\in\mathscr{K}$，即 $(a, 0)$ 及 $(b, 0)$ 是可作点，那么 $(a+b, 0)$ 显然可作. 于是 $a+b\in\mathscr{K}$.

(ii) 设 $a\in\mathscr{K}$，即 $(a, 0)$ 可作，那么 $(-a, 0)$ 可作，于是 $-a\in\mathscr{K}$.

(iii) 设 $a, b\in\mathscr{K}$，且 $a, b>0$，$(a, 0)$ 与 $(b, 0)$ 可作，那么 $(0, a)=a\mathrm{i}$，$(0, -b)=-b\mathrm{i}$ 分别可作. 于是由例 12.1.3 可知过 $(-1, 0)$，$(0, a)$ 及 $(0, -b)$ 的圆可作（图 12.3.1）. 由该圆与实数轴的交点得出可作点 D. 由几何可知 D：$(ab, 0)$. 这样 $ab\in\mathscr{K}$. 对于 a、b 取其他符号的情况，同样可以得出这一结论.

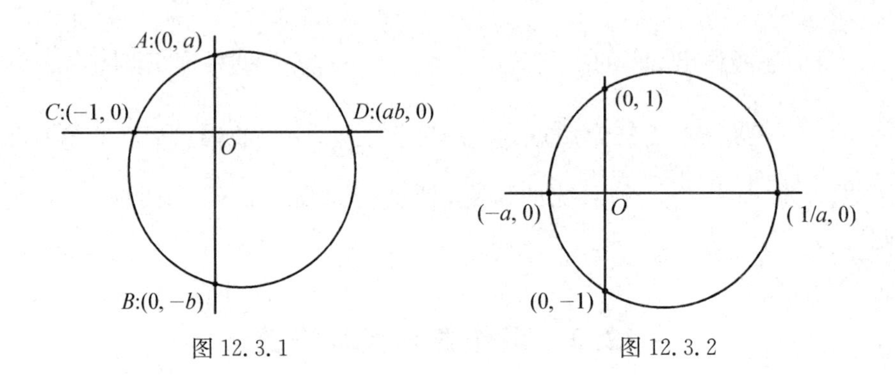

图 12.3.1　　　　图 12.3.2

(iv) 最后设 $a\in\mathscr{K}$, $a\neq 0$. 此时由图 12.3.2 可知$(\frac{1}{a}, 0)$可作. 因此,$\frac{1}{a}\in\mathscr{K}$.

定理证毕.

例 12.3.2　由$\sqrt{2}\in\mathscr{K}$,则有 $\mathscr{K}\supset\mathbf{Q}$(参见 § 10.2). 因此,任意有理数都是可作数.

§ 12.4　所有的可作数构成域

把所有的可作数构成的集合记为 $\mathscr{E}$. 我们要证明 $\mathscr{E}$ 是一个域. 当然对于 $\mathscr{E}$ 与 $\mathscr{K}$,从 $\mathrm{i}\in\mathscr{E}$, $\mathrm{i}\notin\mathscr{K}$,有 $\mathscr{E}\supset\mathscr{K}$.

首先,我们证明 $a+b\mathrm{i}\in\mathscr{E}$, 当且仅当 a, $b\in\mathscr{K}$,其中 a, $b\in\mathbf{R}$.

$a+b\mathrm{i}\in\mathscr{E}$ 是指点(a, b)可作,于是由例 12.1.1 及图 12.4.1 可知实数 a, $b\in\mathscr{K}$. 反过来,若 a, $b\in\mathscr{K}$,则点$(a, 0)$, $(b, 0)$可作,因此点$(0, b)$可作. 因此,由图 12.4.1 可知点(a, b)可作,即 $a+b\mathrm{i}\in\mathscr{E}$.

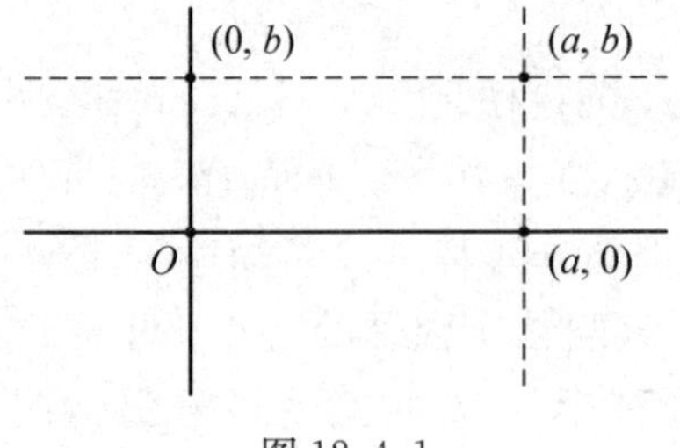

图 12.4.1

根据这一点,我们就有

(i) 若 $a+b\mathrm{i}$, $c+d\mathrm{i}\in\mathscr{E}$, 则 a, b, c, $d\in\mathscr{K}$. $\mathscr{K}$ 是域,因此 $a+b$, $c+d\in$

$\mathscr{K}$. 于是$(a+b)+(c+d)\mathrm{i}\in\mathscr{E}$.

(ii) 对于上述$a+b\mathrm{i}$, $c+d\mathrm{i}$, 有$ac-bd$, $ad+bc\in\mathscr{K}$, 因此, $(ac-bd)+(ad+bc)\mathrm{i}\in\mathscr{E}$. 不过, $(a+b\mathrm{i})\cdot(c+d\mathrm{i})=(ac-bd)+(ad+bc)\mathrm{i}$. 因此, $(a+b\mathrm{i})+(c+d\mathrm{i})\in\mathscr{E}$.

(iii) 由a, $b\in\mathscr{K}$,可知$-a$, $-b\in\mathscr{K}$. 由此,从$(a+b\mathrm{i})\in\mathscr{E}$,就有$-(a+b\mathrm{i})\in\mathscr{E}$.

(iv) 对于$a+b\mathrm{i}\in\mathscr{E}$, $a+b\mathrm{i}\neq 0$,由$\dfrac{a}{a^2+b^2}$, $\dfrac{b}{a^2+b^2}\in\mathscr{K}$,可知$\dfrac{1}{a+b\mathrm{i}}=\dfrac{a}{a^2+b^2}-\dfrac{b\mathrm{i}}{a^2+b^2}$可作. 于是有:

定理 12.4.1　所有可作数构成的集合$\mathscr{E}$是域.

定义 12.4.1　数域F,如果其中的每一个元都是可作数,则称它为一个可作数域.

例 12.4.1　上述$\mathscr{E}$, $\mathscr{K}$,以及$\mathbf{Q}$都是可作数域,且有$\mathscr{E}\supset\mathscr{K}\supset\mathbf{Q}$.

$\mathscr{E}$显然是最大的可作数域,而$\mathbf{Q}$是最小的可作数域. 如果$\mathbf{C}=\mathscr{E}$, 那么任意复数C都是可作数;如果$\mathbf{C}\neq\mathscr{E}$, 那么存在复数$a+b\mathrm{i}\notin\mathscr{E}$, 因此点$(a, b)$不可用尺规作出. 换言之, a与b之中至少有一个不属于$\mathscr{K}$,它就不可用尺规作出. 我们下面再深入讨论这一问题.

§ 12.5　可作数扩域

鉴于$\mathscr{E}$是最大的可作数域,以及一个可作复数$a+b\mathrm{i}$又等价于两个可作实数a、b给出的对(a, b), 所以$\mathscr{E}=\mathscr{K}\times\mathscr{K}$. 于是研究$\mathscr{E}$就归结为研究由实数构成的$\mathscr{K}$. 事实上,由尺规作图的公理(iv), (v) 和(vi) 可知,能作出的新可作数点 —— 各类交点都由实数对(a, b) 给出.

如果F是一个可作实数域,即$F\subset\mathscr{K}$,于是以F出发而用尺规作图给出的新点(a, b)中,如果有$a\in F$, $b\in F$, 那么我们就没有得出任意新的可作数;如果a、b中至少有一个,例如a,满足$a\notin F$. 那么我们就有了一个新可作数. 从数学的角度上看,我们就从域F进入了扩域$F(a)$——称为F的一个可作数扩域.

a是可作数,所以$a\in\mathscr{K}$. 又$F\subset\mathscr{K}$,所以$F(a)\subset\mathscr{K}$,即可作数扩域是可作数域. 然后,我们再从$F(a)$出发构成新的可作数扩域$F(a, b)$, …,以此类推. 取F

$=\mathbf{Q}$，我们就能得出 $\mathbf{Q}(\alpha_1)$，$\mathbf{Q}(\alpha_1, \alpha_2)$，…，以及

$$\mathbf{Q}(\alpha_1, \alpha_2, \cdots, \alpha_n), \tag{12.1}$$

而有

$$\mathbf{Q} \subset \mathbf{Q}(\alpha_1) \subset \mathbf{Q}(\alpha_1, \alpha_2) \subset \cdots \subset \mathbf{Q}(\alpha_1, \alpha_2, \cdots, \alpha_n), \tag{12.2}$$

其中 $\mathbf{Q}(\alpha_1)$ 是 $\mathbf{Q}$ 的一个可作数扩域，$\mathbf{Q}(\alpha_1, \alpha_2)$ 是 $\mathbf{Q}(\alpha_1)$ 的一个可作数扩域，……而且(12.1)中的 $n \in \mathbf{N}^*$，这对应于尺规作图应在有限步骤中完成这一事实.

在下面几节，我们将研究 $\mathbf{Q}(\alpha_1)$，$\mathbf{Q}(\alpha_1, \alpha_2)$，…的具体形式.

§12.6　可作实数域中的直线与圆的方程

设 F 是一个可作实数域，而 $x_i, y_i \in F$，$i=1, 2$，那么当 $x_1 \neq x_2$ 时，过 (x_1, y_1) 与 (x_2, y_2) 两点的**直线的方程**为

$$\frac{y-y_1}{x-x_1} = \frac{y_2-y_1}{x_2-x_1}, \tag{12.3}$$

这一方程可化为

$$ax+by+c=0,\ a, b, c \in F \tag{12.4}$$

的形式.

当 $x_1 = x_2$ 时，过 (x_1, y_1) 与 (x_2, y_2) 两点的直线方程为 $x - x_1 = 0$. 此方程已具有(12.4)的形式.

设 $x_1, y_1 \in F$，以及 $r \in F$，则以 (x_1, y_1) 为圆心，r 为半径的**圆的方程**为

$$(x-x_1)^2 + (y-y_1)^2 = r^2, \tag{12.5}$$

此方程可化为

$$x^2 + y^2 + dx + ey + f = 0,\ d, e, f \in F \tag{12.6}$$

的形式.

(12.4)为**可作直线的方程**，而(12.6)为**可作圆的方程**.

§12.7　尺规作图给出的新可作点

如果 $a_i x + b_i y + c_i = 0$，$i=1, 2$ 是可作实数域 F 中的两条可作直线，其

中 a_i, b_i, $c_i \in F$, $i=1, 2$, 且它们有交点(x_0, y_0),即这两个方程有解,那么从线性方程组的行列式解法——克莱姆法则(参见附录6)可知 x_0, $y_0 \in F$,因为其中只用到"+","−","×","÷"运算. 所以由 F 中任意两条可作直线的交点,并不能得出任何新的可作数.

如果 F 中的可作直线 $ax+by+c=0$, 与可作圆 $x^2+y^2+dx+ey+f=0$, 有交点(x_0, y_0),即此两个方程有解(x_0, y_0), x_0, $y_0 \in \mathbf{R}$. 我们来看看这个解. 从这两个方程消去 y 可得出一个形式为 $Ax^2+Bx+C=0$ 的二次方程,其中 A, B, $C \in F$. 这个方程的解为 $x_0=\dfrac{-B\pm\sqrt{B^2-4AC}}{2A}$. 我们假定有交点,即 $x_0 \in \mathbf{R}$. 因此此时判别式 $D=B^2-4AC \geqslant 0$. 这就有下列两种情况: (i)当 $\sqrt{D} \in F$,那么 $x_0 \in F$. 对此时的 y_0 同样也能得出 $y_0 \in F$. 所以在这一情况下,我们并不能得出新的可作数;当 $\sqrt{D} \notin F$,此时 x_0, $y_0 \in F(\sqrt{D})$. 这是一种重要的情况: 由可作实数域 F,我们得到了可作数扩域 $F(\sqrt{D})$. 这是因为 $D=B^2-4AC$, 而 A, B, $C \in F$,所以 D 是可作的(参见定义12.4.1),所以 $\sqrt{D}$ 也是可作的(参见图 12.7.1).

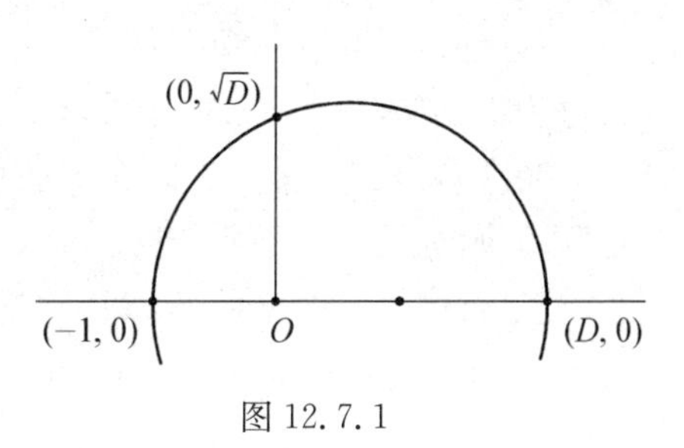

图 12.7.1

最后讨论两个可作圆 $x^2+y^2+d_ix+e_iy+f_i=0$, $i=1, 2$ 相交的情况. 此时我们如下解这个二元二次方程组: 先把它们减一下,而有 $(d_1-d_2)x+(e_1-e_2)y+(f_1-f_2)=0$. 由 d_1-d_2, e_1-e_2, $f_1-f_2 \in F$, 此方程所表示的直线是一条可作直线. 于是它与上述的一个可作圆的方程联立,也就归结为前面讨论过的可作直线与可作圆相交的情况,而不会有任何新的情况.

综上所述,由 $\mathbf{Q}$ 出发利用尺规作图,我们有下列可作实数域链

$$\mathbf{Q} \subset \mathbf{Q}(\sqrt{\alpha_1}) \subset \mathbf{Q}(\sqrt{\alpha_1}, \sqrt{\alpha_2}) \subset \cdots \subset \mathbf{Q}(\sqrt{\alpha_1}, \sqrt{\alpha_2}, \cdots, \sqrt{\alpha_n}) \cdots \subset \mathscr{K}. \tag{12.7}$$

§12.8　尺规可作数的域论表示

设 k 是尺规可作的实数,那么就得存在 $n \in \mathbf{N}^*$,使得

$$k \in \mathbf{Q}(\sqrt{\alpha_1}, \sqrt{\alpha_2}, \cdots, \sqrt{\alpha_n}). \tag{12.8}$$

这样,我们就证得了

定理 12.8.1 设 $k\in\mathcal{K}$,即 k 是尺规可作的,当且仅当存在下列有限个可作实数域链

$$Q_0 = \mathbf{Q} \subset Q_1 \subset Q_2 \subset Q_3 \subset \cdots Q_n \subset \mathcal{K},$$

使得 $k\in Q_n$,其中 $Q_i = Q_{i-1}(\sqrt{\alpha_i})$,而 $\alpha_i \in Q_{i-1}$, $\alpha_i > 0$,且 $\sqrt{\alpha_i} \notin Q_{i-1}$, $i=1, 2, \cdots, n$.

注意到 $Q_i = Q_{i-1}(\sqrt{\alpha_i})$,而 $\alpha_i \in Q_{i-1}$, $\alpha_i > 0$,且 $\sqrt{\alpha_i} \notin Q_{i-1}$,可知 $\sqrt{\alpha_i}$ 是 Q_{i-1} 上的 2 次代数元. 于是 $[Q_i : Q_{i-1}] = 2$. 所以 Q_n 是 $\mathbf{Q}$ 的一个代数扩域,且 $[Q_n : \mathbf{Q}] = [Q_n : Q_{n-1}] \cdot [Q_{n-1} : Q_{n-2}] \cdot \cdots \cdot [Q_1 : \mathbf{Q}] = 2^n$.

另外从 $k\in Q_n$,可知 k 是 $\mathbf{Q}$ 上的一个代数元. 于是由推论 11.6.1 得出: k 在 $\mathbf{Q}$ 上的次数应是 2^n 的一个因数.

推论 12.8.1 若 $\eta\in\mathbf{R}$,且 η 在 $\mathbf{Q}$ 上的次数 d,如果 d 不具有 $2^n(n\in\mathbf{N}^*)$ 的形式,则 η 是一个不可作数.

当然,这是一个必要条件.

§12.9 三大古典几何问题的解决

数千年来,人们一直试图用尺规作图去解决下文中的三大古典几何问题,但一直没有获得成功. 这表明一定存在不可作数. 从定理 12.8.1 可知,可作数一定是 $\mathbf{Q}$ 上的一个代数元——代数数. 于是超越数一定是不可作的,而推论12.8.1对可作的代数数,也给出了一个必要条件. 1837 年,法国数学家旺策尔(Pierrela Urene Wantzel, 1814—1848)正是用了域论解决了这三大古典几何问题中的两题. 我们分别叙述如下:

(一) 三等分任意角

下面我们证明三等分 60°不能用尺规作出. 为此只要证明 cos 20°是不可作的. (参见图12.9.1)

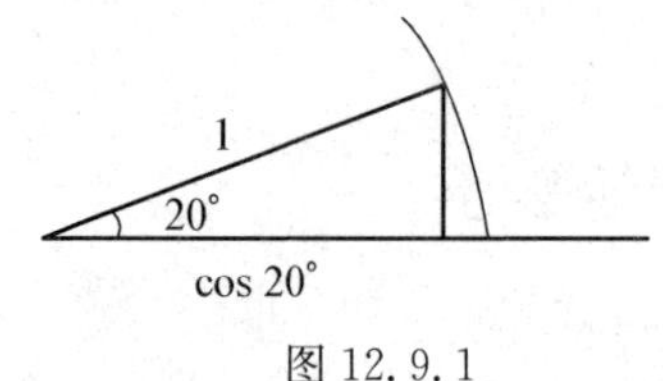

图 12.9.1

设 $x = \cos 20°$, 利用例 8.2.3 中的三倍角

公式,有

$$\begin{aligned}\cos 60^\circ &= 4\cos^3 20^\circ - 3\cos 20^\circ \\ &= 4x^3 - 3x = \frac{1}{2}.\end{aligned} \tag{12.9}$$

于是需要求 $f(x) = 8x^3 - 6x - 1$ 的根. $f(x) \in \mathbf{Z}[x]$, 而由例 9.9.5 可知 $f(x)$在 $\mathbf{Q}$ 上是不可约的,因此$\frac{1}{8}f(x)$是 $\cos 20^\circ$在 $\mathbf{Q}$ 上的最小多项式. 从而 $\cos 20^\circ$在 $\mathbf{Q}$ 上的次数为 3. 由 $3 \nmid 2^n$, $n \in \mathbf{N}^*$,因此就得出了 $\cos 20^\circ$是不可尺规作图的. 所以三等分任意角不可作. $\cos 20^\circ$不是可作数等价于 20° 不能尺规作出. 这就表明 40°不可作. 否则的话,如果 40°可作则用尺规作出角平分线的方法,就能作出 20°. 由 40°不可作,立即就得出正九边形不可作.

(二) 倍立方

这是要作出一个立方体,使它的体积是原有的立方体体积的两倍. 设原立方体的边长为 1,而要求作出的立方体的边长为 x,则有

$$x^3 = 2. \tag{12.10}$$

于是需要求多项式 $f(x) = x^3 - 2$ 的根,$f(x) \in \mathbf{Z}[x]$, 而由艾森斯坦不可约判据容易得出 $f(x)$在 $\mathbf{Q}$ 上是不可约的,因此它是其根 $x = \sqrt[3]{2}$ 在 $\mathbf{Q}$ 上的最小多项式. 这样$\sqrt[3]{2}$ 在$\mathbf{Q}$上是 3 次的. 于是由 $3 \nmid 2^n$, $n \in \mathbf{N}^*$. 所以倍立方问题是不能用尺规作图去作出的.

(三) 化圆为方

这是要用尺规作出一个正方形使它的面积等于给定的一个圆的面积. 设给定圆的半径为 1,而要求作出的正方形的边长为 x,则有

$$x^2 = \pi. \tag{12.11}$$

于是要用尺规作出数 $x = \sqrt{\pi}$. 这个问题一直到 1882 年,由德国数学家林德曼(Carl Louis Ferdinand von Lindemann, 1852—1939)证明了 π 是超越数后才得以解决(参见§14.5).

如果 π 是一个超越数,那么$\sqrt{\pi}$也一定是一个超越数. 这是因为假若$\sqrt{\pi}$是

一个代数数的话,由于所有的代数数构成代数数域(参见推论 10.8.1),那么 $\sqrt{\pi}\cdot\sqrt{\pi}=\pi$ 就是一个代数数了.

这样,林德曼也证明了$\sqrt{\pi}$是一个超越数,因此它是不能用尺规作出的.所以化圆为方问题也不能由尺规作图实现.

在下面的这一部分,我们将讨论超越数,并最终证明 π 以及 e 是超越数.

第六部分
π 以及 e 是超越数

在这最后一部分中,我们讨论超越数.

在第十三章中,我们从康托尔的对角线方法讲起,证明了超越数不仅是存在的,而且比代数数"多得多". 接下来我们明晰地证明刘维尔定理,并依此证明了刘维尔数是超越数.

在第十四章中,我们从一次代数数的一般形式谈起,证明了 e 不是二次实代数数,并且详细又严格地证明了埃尔米特定理: e 是超越数,以及林德曼定理: π 是超越数.

最后我们还给出了有关超越数的一些基本定理,讨论了超越扩张等,并且介绍了希尔伯特第七问题以及盖尔方德-施奈德定理.

第十三章

超越数的存在与刘维尔数

§13.1 再谈代数元与超越元

我们在§10.4中定义了域F上的代数元与超越元. 如果$F = \mathbf{Q}$,则相应地称为代数数与超越数. 这里的定义是与具体域F有关的,如果域K是域F的一个扩域,那么因为$K[x] \supset F[x]$,则F上的代数元θ就一定是K上的代数元,而K上的代数元就不一定是F上的代数元. 反过来,K上的超越元就一定是F上的超越元,而F上的超越元就不一定是K上的超越元了.

其次,F中的每一元θ都是F上的代数元,这是因为θ是$x-\theta \in F[x]$的根. 因此任意有理数都是代数数,而任意实数都是$\mathbf{R}$上的代数元,以及任意复数都是$\mathbf{C}$上的代数元.

例 13.1.1 我们将证明 e、π 是超越数,但是 e, $\pi \in \mathbf{R}$,所以它们都是$\mathbf{R}$上的代数元.

在§10.8中,我们还证明了域F上的所有代数元构成域,记为$\overline{A}$. 当$F = \mathbf{Q}$时,这表明域$\mathbf{Q}$上的所有代数元——代数数,也构成一个域,记为A. 当然A中是有无理数,以及复数的,例如$\sqrt{2}$以及$\mathrm{i} \in A$,这是因为多项式$x^2 - 2$及$x^2 + 1 \in \mathbf{Q}[x]$,且分别以它们为根.

定义集合$A_{\mathbf{R}} = A \cap \mathbf{R}$,这是一个由所有实代数数构成的集合,由例10.2.2可知,$A_{\mathbf{R}}$是域,称为实代数数域. 再由$A \supset \mathbf{Q}$,有$A_{\mathbf{R}} = A \cap \mathbf{R} \supset \mathbf{Q}$,即有理数域是实代数数域$A_{\mathrm{R}}$的子域. 所以可以说,代数数推广了有理数. $\mathbf{R}$是由有理数以及无理数构成的,现在也可以说$\mathbf{R}$是由实代数数以及实超越数构成的.

例 13.1.2 证明$\sqrt{7+\sqrt{17}}$是一个代数数.

设 $x=\sqrt{7+\sqrt{17}}$,则有 $x^2=7+\sqrt{17}$. 进而 $(x^2-7)^2=17$,因此有 $x^4-14x^2+32=0$. 因此,$\sqrt{7+\sqrt{17}}$ 是 $x^4-14x^2+32\in\mathbf{Q}[x]$ 的一个根. 所以 $\sqrt{7+\sqrt{17}}$ 是一个代数数.

§13.2 两个有趣的例子

例 13.2.1 证明 $\sin 1^\circ$是代数数.

首先研究 $\sin^2 60^\circ$. 一方面 $\sin^2 60^\circ=\frac{3}{4}$. 另一方面,由例 8.2.3 给出的多倍角公式,有 $\sin^2 60^\circ=(2\sin 30^\circ\cos 30^\circ)^2=4\sin^2 30^\circ(1-\sin^2 30^\circ)$,而其中的 $\sin^2 30^\circ=\sin^2(3\times 10^\circ)=(3\sin 10^\circ-4\sin^3 10^\circ)^2$,进而其中的 $\sin^2 10^\circ=(2\sin 5^\circ\cos 5^\circ)^2$. 最后 $\sin 5^\circ=16\sin^5 1^\circ-20\sin^3 1^\circ+5\sin 1^\circ$.

综合上述 $\sin^2 60^\circ$ 可用 $x=\sin 1^\circ$ 的一个整系数多项式表示. 设这个多项式为 $f(x)$,则 $f(x)\in\mathbf{Q}[x]$. 再令 $g(x)=f(x)-\frac{3}{4}$,则 $g(x)\in\mathbf{Q}[x]$,且 $g(\sin 1^\circ)=f(\sin 1^\circ)-\frac{3}{4}=\sin^2 60^\circ-\frac{3}{4}=0$. 所以 $\sin 1^\circ$ 是一个代数数.

例 13.2.2 求证 $f(x)=\sqrt{7+\sqrt{17}}\,x^4+\sqrt{1+\sqrt[3]{5}}\,x^3+\frac{1}{2}x^2+\sqrt[5]{2}\,x+\frac{1}{4}$ 的根是代数数.

由例 13.1.2 可知 $\sqrt{7+\sqrt{17}}$ 是代数数. 同理可证$\sqrt{1+\sqrt[3]{5}}$ 是代数数. 此外,$\frac{1}{2}$,$\sqrt[5]{2}$,以及$\frac{1}{4}$ 都是代数数. 于是由定理 11.7.1, $f(x)$的根是代数数.

从这些例子来看代数数是普遍存在的,那么超越数在哪里呢?

由 §13.1 叙述可知:

$$\begin{aligned}\text{实数域 }\mathbf{R}&=\text{有理数域 }\mathbf{Q}\cup\text{全体无理数构成的集合}\\&=\text{实代数数域 }A_{\mathbf{R}}\cup\text{全体实超越数构成的集合.}\end{aligned}\tag{13.1}$$

所以实超越数必定是一个无理数:一个无限不循环小数. 到此为止,我们只有下列三个候选者:圆周率 π,自然对数的底 e,以及刘维尔数 ξ(参见例1.2.4).

如果我们能证明实代数数并没有占满整个实数轴，那么这就表示存在超越数了. 这是德国数学家康托尔(Georg Cantor, 1845—1918)所采用的方法.

我们也可以构造一个数，如刘维尔数 ξ，然后再证明它不具有代数数所必须满足的性质，那么这个数就是超越数了. 这是法国数学家刘维尔(Joseph Liouville, 1809—1882)所采用的方法.

对于 π 及 e 我们还得分别具体地去证明它们是超越数. 这是我们下面各章节的主要内容.

§13.3　无穷可数集合

为了比较集合中元素的多少，我们先注意到集合按照其元素的个数是有限的还是无限的，可分为有穷集和无穷集. 有 n 个元的有穷集. 当然可以把它的元素列为 $\{a_1, a_2, \cdots, a_n\}$. 因此，它的每一个元素都可以逐一地被数到，我们就称有穷集为(有穷) 可数集. 在无穷集中也有些集合，其中的每一个元素都能被逐一地数到的，例如正整数系 $\mathbf{N}^* = \{1, 2, 3, \cdots\}$. 这种集合称为(无穷)可数集.

那么，整数系 $\mathbf{Z} = \{0, \pm 1, \pm 2, \cdots\}$ 是否也是(无穷) 可数集呢?或者更精确地说，能不能对 $\mathbf{Z}$ 中的元用 1, 2, 3, … 来标号排列呢?

$\mathbf{Z}$ 的上述列举表示就表明 $\mathbf{Z}$ 是可数的，也即 $\mathbf{Z}$ 中的元可以如下地“数”：0, +1, −1, +2, −2, …. 如果我们把 $\mathbf{Z}$ 表成 $\mathbf{Z} = \{0\} \cup \{1, 2, 3\cdots\} \cup \{-1, -2, -3, \cdots\}$，则上述数数法表明，若 $S = A \cup B \cup C$，且 A, B 及 C 都是可数的，则 S 也是可数的.

接下来我们要研究有理数域 $\mathbf{Q}$ 是否也是可数的.

§13.4　有理数域 Q 是可数的

考虑正有理数系 $\mathbf{Q}^+ = \left\{\frac{q}{p} \mid q, p \in \mathbf{N}^*\right\}$. 图 13.4.1 给出了所有的正有理数，而其中的箭头方向给出了一种数数方案. 当然遇到以前已出现的数字时，要跳过去. 这样，每一个正有理数都会被数到，且仅数到一次. 于是 $\mathbf{Q}^+$ 是可数的. 同样，所有的负有理数系 $\mathbf{Q}^- = \left\{-\frac{q}{p} \mid q, p \in \mathbf{N}^*\right\}$ 也是可数的.

最后从 $\mathbf{Q}=\{0\}\cup\mathbf{Q}^{+}\cup\mathbf{Q}^{-}$ 可知：有理数域 **Q** 是可数的. 那么，实数域 **R** 是否仍是可数的？

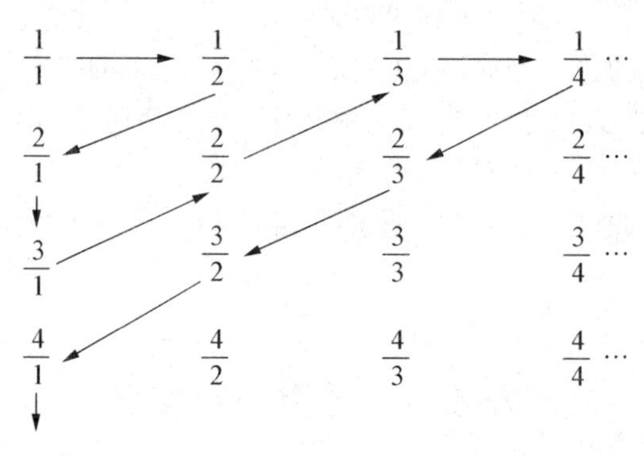

图 13.4.1

§13.5 康托尔的对角线法：实数域 R 是不可数的

康托尔用对角线法证明了集合[0, 1]中的所有数是不可数的. 因为[0, 1]$\subset$**R**，这也就说明了实数域 **R** 是不可数的.

康托尔假定[0, 1]是可数的，因而[0, 1]中的数可排列为

$$\begin{aligned} x_1 &= 0.\ a_{11}\quad a_{12}\quad a_{13}\cdots, \\ x_2 &= 0.\ a_{21}\quad a_{22}\quad a_{23}\cdots, \\ x_3 &= 0.\ a_{31}\quad a_{32}\quad a_{33}\cdots, \\ &\cdots\cdots \end{aligned} \tag{13.2}$$

其中 a_{ij} 表示 x_i 中在小数点后的第 j 个数，在(13.2)中，数 a_{11}，a_{22}，$\cdots$位于对角线的位置上，针对这些对角线上的数 a_{11}，a_{22}，$\cdots$，构造数

$$b = 0.\ b_1\quad b_2\quad b_3\cdots, \tag{13.3}$$

其中

$$b_i = \begin{cases} a_{ii} - 1, & \text{若 } a_{ii} \neq 0, \\ 1, & \text{若 } a_{ii} = 0, \end{cases} \quad i = 1, 2, \cdots. \tag{13.4}$$

对这样的一个 b，有 $b \in [0, 1]$. 其次，因为 $b_1 \neq a_{11}$，$b_2 \neq a_{22}$，$\cdots\cdots$ 所以 b 不会出现在(13.2)之中. 这就与[0, 1]是可数的假定矛盾了. 因此，我们证

明了：实数域$\mathbf{R}$是不可数的. 接下来我们要问：实代数数域$A_{\mathbf{R}}$是可数的，还是不可数的？

§13.6　代数数的整数多项式定义及相应的最低次数的本原多项式

我们对代数数的最初定义就是定义 10.4.1：θ 是代数数指 $\theta \in \mathbf{C}$，且是 $f(x) \in \mathbf{Q}[x]$ 的一个根，其中

$$f(x) = a_n x^n + a_{n-1} x^{n-1} + \cdots + a_0,\ a_i \in \mathbf{Q}. \tag{13.5}$$

如果 $a_0,\ a_1,\ \cdots,\ a_n \in \mathbf{Q}$ 的各系数的分母的最小公倍数是 c，则 $c \in \mathbf{N}^*$，且 $cf(x)$ 是整系数多项式，即

$$cf(x) = \sum_{i=0}^{n} ca_i x^i \in \mathbf{Z}[x], \tag{13.6}$$

且 $cf(\theta) = 0$. 由此，我们可以把代数数 θ，等价地定义为 $\theta \in \mathbf{C}$，且 θ 是一个整系数多项式的根. 我们在证明代数数域是可数时，将用到这一点.

此外，若 $g(x) = b_n x^n + b_{n-1} x^{n-1} + \cdots + b_0 \in \mathbf{Z}[x]$，且 d 是 $b_n,\ b_{n-1},\ \cdots,\ b_0$ 的最大公因数，那么，$h(x) = \dfrac{1}{d} g(x)$ 便是一个本原多项式(参见定义 9.7.1).

在用有理系数多项式的根来定义代数数 θ 时，我们曾在 $\mathbf{Q}$ 上的，以 θ 为根的众多最低次多项式之中，选取首项系数为 1 的那个唯一的多项式 $f(x)$ 为 θ 在 $\mathbf{Q}$ 上的**最小多项式**；现在若采用整数多项式的根来定义代数数 θ，我们则在 $\mathbf{Z}$ 上的，以 θ 为根的众多最低次多项式之中，选取本原多项式 $h(x)$ 来确保唯一性，称 $h(x)$ 为 θ 在 $\mathbf{Z}$ 上的**最低次数的本原多项式**. 对于同一个 θ 而言，其最小多项式 $f(x)$ 与其最低次数的本原多项式 $h(x)$ 两者仅相差一个相乘因数，因此 $\deg f(x) = \deg h(x)$.

例 13.6.1　$\theta = \dfrac{-3 + \sqrt{39}\mathrm{i}}{12}$ 在 $\mathbf{Q}$ 上的最小多项式 $f(x) = x^2 + \dfrac{1}{2}x + \dfrac{1}{3}$；在 $\mathbf{Z}$ 上的最低次数的本原多项式 $h(x) = 6x^2 + 3x + 2$.

§13.7　代数数域是可数的

我们要把所有的代数数逐一地排列起来：先把所有的整系数多项式逐一

地排列出来，轮到一个多项式就列出其中有限个根，再依次列出下一个多项式的根. 以此类推，代数数就可数了.

多项式的次数 1, 2, 3, …这是可数的. 不过，还要考虑到在一个 n 次多项式中还有 $a_0, a_1, \cdots, a_n$ 这 $n+1$ 个系数能在整数范围内取值. 这使我们想起了前面讲解过的 **Z** 的数数方法.

为此，我们引入符号 (m, a)，用它表示次数为 m，各系数 a_i 的绝对值 $|a_i| \leqslant a$ 这一类多项式全体的集合. 例如 $(1, 1) = \{a_1x + a_0 \mid |a_i| \leqslant 1, i = 0, 1\}$. 其中当 $a_1 = 0$ 时，由于 $|a_0| \leqslant 1$，有多项式，$0, \pm 1$；当 $a_1 = 1$ 时，由于 $|a_0| \leqslant 1$，有多项式 $x, x \pm 1$；当 $a_1 = -1$ 时，由于 $|a_0| \leqslant 1$，有多项式 $-x, -x \pm 1$. 由这些多项式给出了代数数 $-1, 0, 1$. 对于 $(1, 2)$ 这一类多项式，我们不难得出：除了以前得到过的多项式外，此时值得考虑的新的多项式为：$x+2, 2x+1, 2x-1$，以及 $x-2$. 这就给出了 $-2, -\frac{1}{2}, \frac{1}{2}$，与 2 这 4 个代数数. 以此类推.

说明了 (m, a) 这一符号后，我们列出图 13.7.1 所示的方案：先考虑类 $(1, 1)$，给出其中有限多个多项式，以及列出它们所有的有限个根；然后按箭头所示方向考虑类 $(1, 2)$，列出由此给出的新的代数数，……以此类推. 因为每一个整系数多项式必属于某一类 (m, a)，于是 **Z**(x) 中的元是可数的，从而它们根的全体，即代数数域 A 也是可数的. 顺便说一下图 13.7.1 与图 13.4.1 是一致的.

所以这里的方法也是传承了康托尔的对角线法.

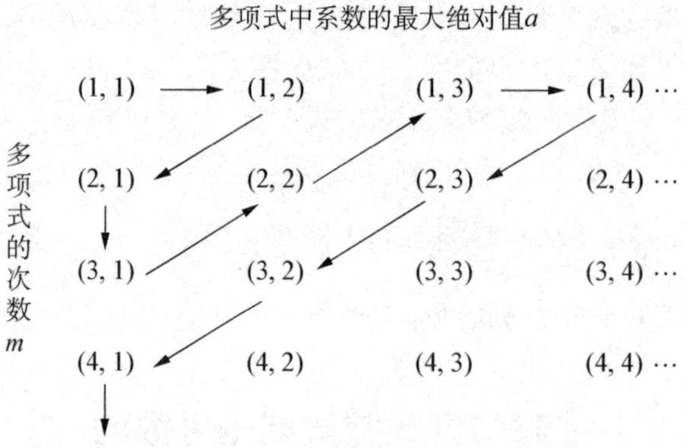

多项式中系数的最大绝对值 a

多项式的次数 m

(1, 1) → (1, 2)　(1, 3) → (1, 4) …
(2, 1)　(2, 2)　(2, 3)　(2, 4) …
(3, 1)　(3, 2)　(3, 3)　(3, 4) …
(4, 1)　(4, 2)　(4, 3)　(4, 4) …

图 13.7.1　整系数多项式类 (m, a)

例 13.7.1　$15x^{16}-28x^{12}+7x+19\in\mathbf{Z}[x]$,属于类(16, 28).

§13.8　存在超越数

至此,我们有了两个重要结论: 实数域 $\mathbf{R}$ 是不可数的,以及代数数域 A 是可数的. 然而我们还不能把它们直接加以比较,因为 A 中有复数,例如 $\mathrm{i}\in A$.

在§13.1中,我们给出了实代数数域 $A_{\mathbf{R}}=A\cap\mathbf{R}$. 对于 $A_{\mathbf{R}}$,有

$$A_{\mathbf{R}}\supset\mathbf{Q}.\tag{13.7}$$

这可从 $\mathbf{Q}$ 中元是实代数元得出,也可以从 $\mathbf{Q}$ 是任意数域的子域推得. 另外从 $A_{\mathbf{R}}=A\cap\mathbf{R}$, 显然有

$$A\supset A_{\mathbf{R}}.\tag{13.8}$$

于是从(13.7)与(13.8)有

$$A\supset A_{\mathbf{R}}\supset\mathbf{Q}.\tag{13.9}$$

在域链(13.9)中已证明 A 是可数的,以及 $\mathbf{Q}$ 是可数的. 由此可知实代数数域 $A_{\mathbf{R}}$ 是可数的.

最后,从(13.1),有

$$\text{全体实超越数构成的集合}=\mathbf{R}-A_{\mathbf{R}}.\tag{13.10}$$

因此从 $\mathbf{R}$ 是不可数的,而 $A_{\mathbf{R}}$ 是可数的,可知全体实超越数构成的集合非但不是空集,而且是不可数的. 这就说明非但超越数是存在的,而且实超越数要比实代数数"多得多".

这一证明是康托尔在1874年给出的. 当时的数学界对此充满着怀疑. 现在看来,这不是很顺理成章么? 在下面三节中,我们讨论刘维尔方法和刘维尔常数.

§13.9　刘维尔定理

定理 13.9.1(刘维尔)　设 θ 是一个 $n(>1)$ 次的实代数数,那么存在一个由 θ 确定的常数 $M>0$,使得对所有有理数 $\frac{q}{p}$, q, $p\in\mathbf{Z}$, $p>0$, 有

$$\left|\theta-\frac{q}{p}\right|\geqslant\frac{M}{p^{n}}.\tag{13.11}$$

我们按下列步骤证明这一定理：

(i) 设 $f(x)$ 是 θ 的最低次数的本原多项式，那么 $\deg f(x) = n$（参见§13.6）. 在区间$[\theta-1, \theta+1]$中，设 $|f'(x)|$ 的最大值为 $M' = M'(\theta)$，其中 $f'(x)$ 是 $f(x)$ 的导数. 再设 1 和 $\frac{1}{M'(\theta)}$ 之中较小的一个为 $M = M(\theta)$. 显然 $M > 0$. 下证这样选出的 M，能使不等式(13.11) 成立.

(ii) 讨论 $\left|\theta-\frac{q}{p}\right| \geqslant 1$ 时的情况.

此时对正整数 $n > 1$, $p \in \mathbf{N}^*$. 有

$$\left|\theta-\frac{q}{p}\right| \geqslant M \geqslant \frac{M}{p^n}. \tag{13.12}$$

定理得证.

(iii) 讨论 $\left|\theta-\frac{q}{p}\right| < 1$ 时的情况.

此时利用微积分中的中值定理，有

$$\left|f(\theta)-f\left(\frac{q}{p}\right)\right| = \left|\theta-\frac{q}{p}\right| |f'(\delta)| \leqslant M'\left|\theta-\frac{q}{p}\right|. \tag{13.13}$$

其中 δ 位于 θ 与 $\frac{q}{p}$ 之间. 由 $\left|\theta-\frac{q}{p}\right| < 1$，即 θ 与 $\frac{q}{p}$ 之间的距离小于 1，且 δ 位于 θ 与 $\frac{q}{p}$ 之间，可推出 $\delta \in (\theta-1, \theta+1)$.

由 $f(\theta) = 0$，从(13.13)有

$$\left|f\left(\frac{q}{p}\right)\right| \leqslant M'\left|\theta-\frac{q}{p}\right|. \tag{13.14}$$

其中 $f\left(\frac{q}{p}\right) \neq 0$，否则的话 $\frac{q}{p} \in \mathbf{Q}$ 是 $f(x)$ 的一个根，则 $f(x)$ 在 $\mathbf{Q}$ 上可约. 于是由高斯定理 9.8.2，就得出 $f(x)$ 在 $\mathbf{Z}$ 上可约了. 这与 $f(x)$ 是 θ 的最低次的本原多项式矛盾. 又因为 $f(x) \in \mathbf{Z}[x]$，且 $\deg f(x) = n$，所以有

$$\left|f\left(\frac{q}{p}\right)\right| = \frac{m}{p^n}. \tag{13.15}$$

其中 $m \in \mathbf{N}^*$. 于是从(13.15)与(13.14)有

$$\frac{1}{p^n} \leqslant \frac{m}{p^n} = \left|f\left(\frac{q}{p}\right)\right| \leqslant M'\left|\theta-\frac{q}{p}\right|. \tag{13.16}$$

由此就能推出

$$\left|\theta - \frac{q}{p}\right| \geqslant \frac{1}{M'}\frac{1}{p^n} \geqslant \frac{M}{p^n}. \tag{13.17}$$

定理也得证.

(iv) 综合(ii)与(iii)的结果,定理证毕.

定理中的条件 $n>1$,表示了 θ 不是 1 次代数数,即 θ 不是任何有理数,而是无理代数数. 对于这类数定理表明,它与任意有理数 $\frac{q}{p}$ 之差的绝对值总大于 $\frac{M}{p^n}$,即该数不能用有理数"很好地"逼近.

例 13.9.1 设 η 是一个实超越数,试证 $\eta+\eta\mathrm{i}$ 也是一个超越数. 反证法:若 $\eta+\eta\mathrm{i}$ 是一个代数数. 因此有 $f(x)\in\mathbf{Z}[x]$,使得 $f(\eta+\eta\mathrm{i})=0$. 因为 $\mathbf{Z}[x]\subset\mathbf{R}[x]$,故由例 3.3.1 可知:与 $\eta+\eta\mathrm{i}$ 复共轭的 $\eta-\eta\mathrm{i}$ 也满足 $f(\eta-\eta\mathrm{i})=0$,即 $\eta-\eta\mathrm{i}$ 也是代数数. 由此得出 $(\eta+\eta\mathrm{i})+(\eta-\eta\mathrm{i})=2\eta$ 是代数数. 这就矛盾了.

例 13.9.2 $\sqrt{2}$ 用 $\frac{q}{p}$ 的近似.

由 $\theta=\sqrt{2}$,而 $f(x)=x^2-2$, $n=2$,可得 $f'(x)=2x$. $|f'(x)|$ 在区间 $[\sqrt{2}-1,\sqrt{2}+1]$ 中的最大值为 $M'=2(\sqrt{2}+1)$. 于是 1 与 $\frac{1}{2(\sqrt{2}+1)}$ 中的较小值为 $\frac{1}{2(\sqrt{2}+1)}\approx 0.2071$. 经计算有表 13.9.1. 表中的数据印证了刘维尔定理 13.9.1.

表 13.9.1　$\sqrt{2}$ 用 $\frac{q}{p}$ 的近似

q	p	$\frac{q}{p}$	$\sqrt{2}-\frac{q}{p}$	$\frac{M}{p^2}$
1	1	1	0.414 21	0.207 1
3	2	1.5	−0.085 8	0.050 4
4	3	1.333 3	0.080 88	0.022 4
6	4	1.5	−0.085 8	0.012 9
7	5	1.4	0.014 21	0.008 1
8	6	1.333 3	0.080 88	0.005 8
10	7	1.428 5	−0.014 4	0.004 2

续 表

q	p	$\frac{q}{p}$	$\sqrt{2}-\frac{q}{p}$	$\frac{M}{p^2}$
11	8	1.375	0.039 21	0.003 2
13	9	1.444 4	−0.030 2	0.002 6
14	10	1.4	0.014 21	0.002 1
16	11	1.454 5	−0.040 3	0.001 7
17	12	1.416 7	−0.002 5	0.001 4

§13.10 刘维尔数ξ是超越数

我们在例 1.2.4 中引入了刘维尔数$\xi=\sum_{n=1}^{\infty}10^{-n!}=\frac{1}{10}+\frac{1}{10^2}+\frac{1}{10^6}+\cdots$. 它的小数点后,第$1!(=1)$位数为1,第$2!(=2)$位数为1,第$3!(=6)$位数为1,…… 其余为零. 因此它是一个无限不循环小数 —— 一个无理数. 刘维尔在1844年证明了ξ不满足刘维尔定理13.9.1,因此它是一个超越数 —— 历史上第一个被证明是超越数的数.

为了证明这一点,对任意$m\in\mathbf{N}^*$定义

$$p_m=10^{m!},\ q_m=p_m\sum_{k=1}^{m}\frac{1}{10^{k!}},\tag{13.18}$$

显然p_m与q_m都是正整数,且$p_m\geqslant 10$. 于是有

$$\frac{q_m}{p_m}=\sum_{k=1}^{m}\frac{1}{10^{k!}}.\tag{13.19}$$

因此,$\frac{q_m}{p_m}$就是ξ中最初m项之和,这是一个有理数. 下面我们计算$\left|\xi-\frac{q_m}{p_m}\right|$:

$$\begin{aligned}0<\left|\xi-\frac{q_m}{p_m}\right|&=\sum_{k=m+1}^{\infty}\frac{1}{10^{k!}}<\sum_{k=m+1}^{\infty}\frac{9}{10^{k!}}<\sum_{k=(m+1)!}^{\infty}\frac{9}{10^k}\\&=\frac{9}{10^{(m+1)!}}\sum_{k=0}^{\infty}\frac{1}{10^k}=\frac{9}{10^{(m+1)!}}\cdot\frac{10}{9}\\&=\frac{10}{10^{(m+1)!}}\leqslant\frac{10^{m!}}{10^{(m+1)!}}=\frac{1}{p_m^m}.\end{aligned}\tag{13.20}$$

其中我们用到了 $\sum_{k=0}^{\infty}\frac{1}{10^k}=\frac{10}{9}$，以及 $(m+1)!=(m+1)m!=m\cdot m!+m!$.

下面我们就利用对任何 $m\geqslant 1$ 都成立的(13.20)证明 ξ 是超越数. 我们用反证法. 设 ξ 是一个代数数，因为 $\xi\notin\mathbf{Q}$，所以它的次数 $n>1$. 于是由刘维尔定理 13.9.1 可知此时存在常数 M，使得它对所有有理数 $\frac{q}{p}$，q，$p\in\mathbf{Z}$，$p>0$，都有

$$\left|\xi-\frac{q}{p}\right|\geqslant\frac{M}{p^n}. \tag{13.21}$$

另一方面，由常数 $M(>0)$，选取一个正整数 r，使得 $\frac{1}{2^r}<M$. 再由这个 r 与 ξ 的次数 n 选定数 $m=r+n$，并据此由(13.18)构成 p_m 与 q_m，于是(13.20)给出

$$\left|\xi-\frac{q_m}{p_m}\right|<\frac{1}{p_m^m}=\frac{1}{p_m^r\cdot p_m^n}\leqslant\frac{1}{2^r}\cdot\frac{1}{p_m^n}<\frac{M}{p_m^n}. \tag{13.22}$$

这样，我们就找到 $q=q_m$，$p=p_m$，使得

$$\left|\xi-\frac{q}{p}\right|<\frac{M}{p^n}. \tag{13.23}$$

这与(13.21)矛盾. 于是这就证明了刘维尔数 ξ 是一个超越数.

§13.11　超越数的另一例

设 $\theta=\sum_{m=1}^{\infty}(-1)^m 2^{-m!}$，这也是一个超越数. 我们用§13.10中证明 ξ 是超越数的方法去证明 θ 是超越数. 不过，在 ξ 的情况中，我们知道 ξ 是一个无限不循环小数，所以它不会是有理数. 因此，在反证法中，假定 ξ 是一个代数数的话，它在 $\mathbf{Q}$ 上的次数 n 必定大于 1. 这一点在应用刘维尔定理 13.9.1 时是一个必需条件. 所以对现在的 θ，我们先得补上一步：先证明 θ 是无理数.

(i) 用反证法：设 $\theta=\frac{q}{p}$，p，$q\in\mathbf{Z}$，$p>0$. 针对这个 p，选取一个奇数 k，使得 $2^{k\cdot k!}>p$. 用 p 以及 k 定义

$$\begin{aligned}\eta &= 2^{k!}p\theta - 2^{k!}p\sum_{m=1}^{k}(-1)^m 2^{-m!} \\ &= 2^{k!}p\sum_{m=k+1}^{\infty}(-1)^m 2^{-m!}.\end{aligned} \tag{13.24}$$

(ii) 对于(13.24)中第一个等式右边的第一项,有

$$2^{k!}p\theta = 2^{k!}q \in \mathbf{Z},$$

以及右边的第二项,有

$$2^{k!}p\sum_{m=1}^{k}(-1)^m 2^{-m!} = p2^{k!}(-2^{-1}+2^{-2!}-\cdots-2^{-k!}) \in \mathbf{Z},$$

其中用到了 k 是奇数,因此有 $\eta \in \mathbf{Z}$.

(iii) 对于(13.24)中第二个等式右边中的

$$\begin{aligned}\sum_{m=k+1}^{\infty}(-1)^m 2^{-m!} &= (-1)^{k+1}2^{-(k+1)!}+(-1)^{k+2}2^{-(k+2)!}+(-1)^{k+3}2^{-(k+3)!}+\cdots \\ &= 2^{-(k+1)!}-2^{-(k+2)!}+2^{-(k+3)!}-\cdots>0,\end{aligned}$$

其中也用到了 k 是奇数. 因此 $\eta = 2^{k!}p\sum\limits_{m=k+1}^{\infty}(-1)^m 2^{-m!} > 0$.

综合(ii)与(iii),得出 η 是一个正整数.

(iv) 具体计算(13.24)右边的第二个等式

$$\begin{aligned}\eta &= 2^{k!}p\sum_{m=k+1}^{\infty}(-1)^m 2^{-m!} = 2^{k!}p(2^{-(k+1)!}-2^{-(k+2)!}+\cdots) \\ &\leqslant 2^{k!}p\frac{1}{2^{(k+1)!}} = \frac{p}{2^{kk!}} < 1,\end{aligned}$$

其中用到了 $(k+1)! = k\cdot k!+k!$,以及 $2^{kk!} > p$. 因此,$\eta < 1$.

(v) 于是我们得到了 $\eta<1$ 与 η 是正整数两个矛盾的结果. 结论是: θ 是无理数.

下面证明 θ 是超越数的过程几乎是与 § 13.10 所叙述的过程一致的. 我们简略地叙述一下:

(i) 对 θ 中最初 k 个项定义

$$\theta_k = \sum_{m=1}^{k}(-1)^m 2^{-m!},$$

这是一个有理数. 令 $p_k = 2^{k!}$，且 $q_k = \theta_k \cdot p_k$，则 $q_k \in \mathbf{N}^*$.

(ii) 计算

$$|\theta - \theta_k| = \left|\theta - \frac{q_k}{p_k}\right| = \left|\sum_{m=k+1}^{\infty}(-1)^m 2^{-m!}\right|$$
$$= 2^{-(k+1)!} - 2^{-(k+2)!} + \cdots < 2^{-(k+1)!} < 2^{-kk!} = p_k^{-k}.$$

于是有

$$p_k^n\left|\theta - \frac{q_k}{p_k}\right| < p_k^{n-k}, \tag{13.25}$$

以及

$$\lim_{k\to\infty} p_k^n\left|\theta - \frac{q_k}{p_k}\right| = 0. \tag{13.26}$$

(iii) 如果 θ 是一个 $n(>1)$ 次的代数数，则从刘维尔定理13.9.1可知：此时存在数 $M > 0$，而对任意 $\frac{q_k}{p_k} \in \mathbf{Q}$，$p_k > 0$，有

$$\left|\theta - \frac{q_k}{p_k}\right| \geqslant \frac{M}{p_k^n}, \tag{13.27}$$

即

$$p_k^n\left|\theta - \frac{q_k}{p_k}\right| \geqslant M. \tag{13.28}$$

(iv) 于是从(13.26)与(13.28)的矛盾，证明了 θ 是一个超越数.

事实上，证明 ξ 与 θ 是超越数的方法，可以用来一般地证明下列的数

$$\chi = \sum_{k=1}^{\infty} \frac{a_k}{b^{k!}} \tag{13.29}$$

是超越数，其中 b 是任意不小于 2 的整数，且上述任意整数序列 $(a_1, a_2, \cdots)$ 中的 $a_k \in \{0, 1, 2, \cdots, b-1\}$，$k = 1, 2, \cdots$.

前面的 ξ 是 $b = 10$，$a_1 = a_2 = \cdots = 1$ 给出的一个特殊情况，因此我们把由(13.29)定义的数统称为**刘维尔数**.

从上面的讨论可以看出刘维尔定理 13.9.1 是为刘维尔数“量身定制”的. 对于证明 π 以及 e——这两个具体的数是超越数还得另外“对症下药”了.

第十四章

π 以及 e 是超越数

§14.1 一次代数数的一般形式

设 α 是一个 1 次代数数，因此它是某一个具有下列形式的多项式

$$px-q,\ p,\ q\in\mathbf{Q},\ p\neq 0 \tag{14.1}$$

的根. 于是有 $\alpha=\dfrac{q}{p}\in\mathbf{Q}$. 反过来，对于任意 $\dfrac{q}{p}\in\mathbf{Q}$，其中 $q,\ p\in\mathbf{Z},\ p\neq 0$，它就是(14.1) 的根. 所以，我们得出 1 次代数数是有理数，而有理数也都是 1 次代数数.

§14.2 二次实代数数的一般形式

设 α 是一个 2 次实代数数，则它应为

$$a_2x^2+a_1x+a_0\in\mathbf{Z}[x],\ a_2\neq 0 \tag{14.2}$$

的一个实根. 由

$$\alpha=\frac{-a_1\pm\sqrt{a_1^2-4a_0a_2}}{2a_2}, \tag{14.3}$$

其中判别式 $m=a_1^2-4a_0a_2$ 是一个非负整数.

若 m 是一个完全平方数，则 $\alpha\in\mathbf{Q}$. 因此由上节可知，此时 α 是一个 1 次代数数. 由于我们假定了 α 是一个 2 次实代数数，所以 m 就不应是一个完全平方数，而 $\sqrt{m}$ 是一个无理数. 因此 α 也是一个无理数. 若令 $r=-\dfrac{a_1}{2a_2}$，以及 $s=\pm\dfrac{1}{2a_2}$，则可将 α 表示为

$$\alpha = r + s\sqrt{m},\ r,\ s \in \mathbf{Q},\ s \neq 0, \text{且 } m \text{ 是一个非完全平方数}. \quad (14.4)$$

反过来,对任意具有(14.4)形式的数 α,设 r 和 s 的公分母为 p,则有

$$\alpha = \frac{q}{p} + \frac{t}{p}\sqrt{m},\ p,\ q,\ t \in \mathbf{Z},\ p \neq 0. \quad (14.5)$$

于是 α 是多项式

$$\begin{aligned} f(x) &= \left(x - \frac{q}{p} - \frac{t}{p}\sqrt{m}\right)\left(x - \frac{q}{p} + \frac{t}{p}\sqrt{m}\right) \\ &= x^2 - 2\frac{q}{p}x + \left(\frac{q^2}{p^2} - \frac{t^2 m}{p^2}\right) \in \mathbf{Q}[x] \end{aligned} \quad (14.6)$$

的根. 因此 α 是 2 次代数数. 这同时也说明 $\frac{q}{p} + \frac{t}{p}\sqrt{m}$ 与 $\frac{q}{p} - \frac{t}{p}\sqrt{m}$ 在 $\mathbf{Q}$ 上互为共轭(参见 §10.7).

综上所述,我们得出 2 次实代数数的一般形式为 $r + s\sqrt{m}$,其中 $r,\ s \in \mathbf{Q}$,$s \neq 0$,且 m 是一个非完全平方数.

§14.3　e 不是二次实代数数

在 §8.3 中,我们已证明了 e 是无理数,所以它不是 1 次代数数. 现在来证明它也不是一个 2 次实代数数.

(i) 我们应用(8.2)中 e^z 的表达式,在其中分别令 $z=1$,以及 $z=-1$,有

$$\begin{aligned} e &= 1 + 1 + \frac{1}{2!} + \frac{1}{3!} + \cdots + \frac{1}{(n-1)!} + \cdots, \\ e^{-1} &= 1 - 1 + \frac{1}{2!} - \frac{1}{3!} + \cdots + \frac{(-1)^{n-1}}{(n-1)!} + \cdots. \end{aligned} \quad (14.7)$$

(ii) 假设 e 是一个 2 次实代数数,即 e 是 $a_2x^2 + a_1x + a_0$ 的一个根,其中 $a_0,\ a_1,\ a_2 \in \mathbf{Z},\ a_2 \neq 0$. 因此有

$$a_2e^2 + a_1e + a_0 = 0, \quad (14.8)$$

以及由此得到的

$$a_2e + a_0e^{-1} + a_1 = 0. \quad (14.9)$$

将 e 和 e^{-1} 的级数表达式(14.7)代入(14.9)中,有

$$a_2\mathrm{e}+a_0\mathrm{e}^{-1}+a_1=a_2\left(1+\frac{1}{1!}+\frac{1}{2!}+\frac{1}{3!}+\cdots+\frac{1}{(n-1)!}+\cdots\right)+$$
$$a_0\left(1-\frac{1}{1!}+\frac{1}{2!}-\frac{1}{3!}+\cdots+\frac{(-1)^{n-1}}{(n-1)!}+\cdots\right)+a_1$$
$$=(a_0+a_1+a_2)+\frac{a_2-a_0}{1!}+\frac{a_2+a_0}{2!}+\frac{a_2-a_0}{3!}+\cdots+$$
$$\frac{a_2+(-1)^{n-1}a_0}{(n-1)!}+\cdots=0. \tag{14.10}$$

(iii) 引入下列记号：S_n 表示(14.10)中的前 n 项之和，R_n 表示(14.10)中其余项之和，有

$$S_n+R_n=0, \tag{14.11}$$

$$S_n=(a_0+a_1+a_2)+\frac{a_2-a_0}{1!}+\frac{a_2+a_0}{2!}+\frac{a_2-a_0}{3!}+\cdots+\frac{a_2+(-1)^{n-1}a_0}{(n-1)!}, \tag{14.12}$$

$$R_n=\frac{a_2+(-1)^n a_0}{n!}+\frac{a_2+(-1)^{n+1}a_0}{(n+1)!}+\cdots, \tag{14.13}$$

其中 n 可取 1, 2, 3, ⋯. 下面我们将按所需情况来确定 n.

(iv) 从(14.11)有

$$(n-1)!S_n+(n-1)!R_n=0. \tag{14.14}$$

再从 S_n 的表达式(14.12)，有 $(n-1)!S_n\in\mathbf{Z}$. 因此，由(14.14)可知 $(n-1)!R_n\in\mathbf{Z}$.

(v) 计算 $(n-1)!R_n$：

从(14.13)有

$$(n-1)!R_n=\frac{a_2+(-1)^n a_0}{n}+\frac{a_2+(-1)^{n+1}a_0}{n(n+1)}+\frac{a_2+(-1)^{n+2}a_0}{n(n+1)(n+2)}+\cdots. \tag{14.15}$$

对此，利用不等式的性质有

$$|(n-1)!R_n| \leqslant \frac{|a_2+(-1)^n a_0|}{n}+\frac{|a_2+(-1)^{n+1}a_0|}{n(n+1)}+$$
$$\frac{|a_2+(-1)^{n+2}a_0|}{n(n+1)(n+2)}+\cdots \leqslant \frac{|a_2|+|a_0|}{n}+\frac{|a_2|+|a_0|}{n(n+1)}+$$
$$\frac{|a_2|+|a_0|}{n(n+1)(n+2)}+\cdots=\frac{|a_2|+|a_0|}{n}\left[1+\frac{1}{n+1}+\frac{1}{(n+1)(n+2)}+\cdots\right]. \tag{14.16}$$

由于 $n\geqslant 1$，所以对于(14.16)里中括号内的各项有

$$\begin{aligned}&\frac{1}{n+1}<\frac{1}{0+1}=\frac{1}{1!},\\&\frac{1}{(n+1)(n+2)}<\frac{1}{2!},\\&\cdots\cdots\end{aligned} \tag{14.17}$$

因此(14.16)成为

$$\begin{aligned}|(n-1)!R_n| &< \frac{|a_0|+|a_2|}{n}\left(1+1+\frac{1}{2!}+\cdots\right)\\&=\frac{|a_0|+|a_2|}{n}\mathrm{e}<\frac{3}{n}(|a_0|+|a_2|),\end{aligned} \tag{14.18}$$

其中用到了 $\mathrm{e}\approx 2.7183$. 有了这一不等式，我们先取 $n>3(|a_0|+|a_2|)>0$ 的正整数. 于是有 $|(n-1)!R_n|<1$. 忆及 $(n-1)!R_n\in\mathbf{Z}$，所以有

$$R_n=0. \tag{14.19}$$

(vi) 从(14.15)得出的 R_n 的表达式，考虑到 $R_n=0$，就有

$$-[a_2+(-1)^n a_0]=\frac{a_2+(-1)^{n+1}a_0}{n+1}+\frac{a_2+(-1)^{n+2}a_0}{(n+1)(n+2)}+\cdots \tag{14.20}$$

进而

$$\begin{aligned}|a_2+(-1)^n a_0| &= \frac{|a_2+(-1)^{n+1}a_0|}{n+1}+\frac{|a_2+(-1)^{n+2}a_0|}{(n+1)(n+2)}+\cdots\\&\leqslant \frac{|a_0|+|a_2|}{n+1}+\frac{|a_0|+|a_2|}{(n+1)(n+2)}+\cdots\\&<\frac{|a_0|+|a_2|}{n+1}\left(1+\frac{1}{2!}+\frac{1}{3!}+\cdots\right)\\&=\frac{|a_0|+|a_2|}{n+1}(\mathrm{e}-1)<\frac{|a_0|+|a_2|}{n+2}\cdot 2.\end{aligned} \tag{14.21}$$

有了这个不等式,我们就着眼于不等式左边的那一项 $|a_2+(-1)^n a_0|$. 以前已取 $n>3(|a_0|+|a_2|)$,这还留下许多选择空间. 现在再针对 a_2 与 $(-1)^n a_0$,进而要求取 n 使得 a_2 与 $(-1)^n a_0$ 同符号. 于是(14.21)的左边为

$$|a_2+(-1)^n a_0|=|a_2|+|a_0|>0, \tag{14.22}$$

其中用到了 $a_2\neq 0$. 这样,(14.21)就成为

$$|a_2+(-1)^n a_0|=|a_2|+|a_0|<\frac{2(|a_0|+|a_2|)}{n+1}. \tag{14.23}$$

因此

$$1<\frac{2}{n+1}. \tag{14.24}$$

考虑到 n 至少为 1,就有

$$\frac{2}{n+1}\leqslant 1. \tag{14.25}$$

这就与(14.24)矛盾. 因而 e 不是一个 2 次实代数数.

1873 年法国数学家埃尔米特(Charles Hermite, 1822—1901)证明了自然对数的底 e 是超越数. 其证明后经德国数学家魏尔斯特拉斯(Karl Weierstrass, 1815—1897),以及希尔伯特(David Hilbert, 1862—1943)等人作出了简化. 我们在下一节中将按照英国数学家斯图尔特(Ian Stewart, 1945—)的阐述给出详尽的证明.

§14.4 e是超越数

定理 14.4.1(埃尔米特) 自然对数的底 e 是一个超越数.

下面用反证法一步步地证明这一定理:

(i) 假设 e 是一个实代数数,且它的最低 m 次本原多项式为

$$a_m x^m+\cdots+a_1 x+a_0\in \mathbf{Z}[x], \tag{14.26}$$

其中 $a_m\neq 0$,且 $a_0\neq 0$. 因为若 a_0 为零,则 $a_m e^m+\cdots+a_1 e=e(a_m e^{m-1}+\cdots+a_1)=0$,那么(14.26)就不是最低次的了. 于是有

$$\sum_{j=0}^{m} a_j \mathrm{e}^j = 0,\ a_j \in \mathbf{Z},\ j = 0,\ 1,\ 2,\ \cdots,\ m,\ a_m \neq 0,\ a_0 \neq 0. \tag{14.27}$$

(ii) 对于 m 以及任意素数 p 定义

$$f(x) = \frac{x^{p-1}(x-1)^p(x-2)^p\cdots(x-m)^p}{(p-1)!}, \tag{14.28}$$

则有 $\deg f(x) = p-1+mp$. 于是 $f(x)$ 的 $mp+p$ 阶导数 $f^{(mp+p)}(x) = 0$. 对 $f(x) = f^{(0)}(x)$ 求出 1 阶,2 阶,…,$mp+p-1$ 阶导数 $f'(x)$, $f^{(2)}(x)$, …, $f^{(mp+p-1)}(x)$, 再定义

$$\begin{aligned} F(x) &= f(x) + f'(x) + \cdots + f^{(mp+p-1)}(x) \\ &= \sum_{i=0}^{mp+p-1} f^{(i)}(x). \end{aligned} \tag{14.29}$$

据此有

$$F'(x) = f'(x) + f^{(2)}(x) + \cdots + f^{(mp+p-1)}(x). \tag{14.30}$$

因而

$$f(x) = F(x) - F'(x). \tag{14.31}$$

(iii) 利用 e^x 的求导性质(参见例 8.2.7),容易得出下列算式

$$\begin{aligned} \frac{\mathrm{d}}{\mathrm{d}x}[\mathrm{e}^{-x}F(x)] &= \mathrm{e}^{-x}[F'(x) - F(x)] \\ &= -\mathrm{e}^{-x}f(x). \end{aligned} \tag{14.32}$$

由此对两边积分给出

$$\int_0^j \mathrm{d}[\mathrm{e}^{-x}F(x)] = -\int_0^j \mathrm{e}^{-x}f(x)\mathrm{d}x. \tag{14.33}$$

于是有

$$\int_0^j \mathrm{e}^{-x}f(x)\mathrm{d}x = -[\mathrm{e}^{-x}F(x)]\big|_0^j = F(0) - \mathrm{e}^{-j}F(j). \tag{14.34}$$

将此式两边乘以 $a_j\mathrm{e}^j$,并对 $j = 0,\ 1,\ \cdots,\ m$ 求和,有

$$\begin{aligned}\sum_{j=0}^{m}a_j e^j\int_0^j e^{-x}f(x)\mathrm{d}x &= \sum_{j=0}^{m}a_j e^j F(0)-\sum_{j=0}^{m}a_jF(j)\\ &= F(0)\sum_{j=0}^{m}a_j e^j-\sum_{j=0}^{m}a_jF(j)\\ &= -\sum_{j=0}^{m}a_jF(j)=-\sum_{j=0}^{m}\sum_{i=0}^{mp+p-1}a_jf^{(i)}(j).\end{aligned} \tag{14.35}$$

其中用到了(14.27)以及(14.29). 像往常一样,我们来分析(14.35)的左右两边,并同时选定适当的 p.

(iv) 对于(14.35)右边的 $f^{(i)}(j)$ 各项,首先由 $f(x)$ 的定义,以及求导法则可知,它们都是一个整数,因此(14.35) 的右边也就是一个整数. 其次,各 $f^{(i)}(j)$ 中除了由 $j=0$, $i=p-1$ 给出的 $f^{(p-1)}(0)$ 之外,它们都能被 p 整除,这是因为 $j\neq 0$ 时,由乘积的求导法则可知,$f^{(i)}(j)$ 中的非零项仅由因式 $(x-j)^p$ 经 p 次求导后给出,又因为 $\frac{p!}{(p-1)!}=p$,所以所有的这些项都给出可被 p 整除的整数. 在 $j=0$ 时,$f^{(i)}(0)$, $i=0,1,\cdots,mp+p-1$ 之中第一个非零项在 $i=p-1$ 时出现, 且此时有

$$f^{(p-1)}(0)=(-1)^p\cdots(-m)^p. \tag{14.36}$$

而且其后的各 $f^{(j)}(0)$, $j>p-1$, 如果是非零的话,则都是 p 的倍数.

综上所述,(14.35)的右边可表为

$$kp+a_0(-1)^p\cdots(-m)^p,\ k\in\mathbf{Z}. \tag{14.37}$$

(v) 现在选取素数 p,满足 p 大于 m 与 $|a_0|$ 中的较大值. 于是 $p\nmid m$,以及 $p\nmid |a_0|$,且有 $p\nmid a_0(-1)^p\cdots(-m)^p$(参见[16]§3.3). 因为素数有无限个(参见[16]§3.2),所以我们总能取到足够大的素数 p,使得(14.35) 的右边是一个不能被 p 整除的整数. 所以它必不为零.

(vi) 我们来对(14.35)左边的积分估值.

积分的下限是0,上限是 j,而 $j=1,2,\cdots,m$,所以 $0\leqslant x\leqslant m$. 对于在这一范围中取值的 x,有

$$|f(x)|\leqslant m^{mp+p-1}/(p-1)!, \tag{14.38}$$

以及

$$e^{-x} \leqslant 1. \tag{14.39}$$

从而(14.35)的左边有

$$\begin{aligned} \left| \sum_{j=0}^{m} a^j e^j \int_0^j e^{-x} f(x) dx \right| &\leqslant \sum_{j=0}^{m} |a_j e^j| \int_0^j \frac{m^{mp+p-1}}{(p-1)!} dx \\ &\leqslant \sum_{j=0}^{m} |a_j e^j| \frac{m^{mp+p-1}}{(p-1)!} \cdot j. \end{aligned} \tag{14.40}$$

当$p \to \infty$时,此不等式的右边$\to 0$. 这就与(14.35)的左边必不为零矛盾了.这样,我们就证得了：e是一个超越数.

1882年德国数学家林德曼运用了埃尔米特的思想方法证明了圆周率π是一个超越数,于是化圆为方问题就尘埃落定了.

§14.5　π是超越数

法国数学家勒让德(Adrien-Marie Legendre, 1752—1833)曾猜测π可能不是整系数多项式的根.事实上,我们有：

定理14.5.1(林德曼)　圆周率π是一个超越数.

在下面的证明中我们要用到对称多项式基本定理9.12.1,为此先举下例作些准备.

例14.5.1　设有$s(=3)$次多项式$f(x)=x^3$,且β_1、β_2是$g(x)=cx^2+c_1x+c_0 \in \mathbf{Z}[x]$的两个根,则从$g(x)=c\left(x^2+\frac{c_1}{c}x+\frac{c_0}{c}\right)=c(x-\beta_1)(x-\beta_2)$,有$\beta_1+\beta_2=-\frac{c_1}{c}$,$\beta_1\beta_2=\frac{c_0}{c}$.于是由例9.12.2,有$f(\beta_1)+f(\beta_2)=\beta_1^3+\beta_2^3=(\beta_1+\beta_2)^3-3(\beta_1\beta_2)(\beta_1+\beta_2)=\left(-\frac{c_1}{c}\right)^3-3\cdot\frac{c_0}{c}\cdot\left(-\frac{c_1}{c}\right)\in\mathbf{Q}$,而$c^3[f(\beta_1)+f(\beta_2)]=-c_1^3+3cc_0c_1\in\mathbf{Z}$.

下面我们利用欧拉魔幻等式(参见例8.2.1)

$$e^{i\pi}+1=0, \tag{14.41}$$

用反证法证明林德曼定理：

(i) 假定π是一个代数数.因为i是代数数,所以iπ是代数数(推论10.8.1).

设 $\theta_1(x)\in\mathbf{Q}[x]$ 是 $\mathrm{i}\pi$ 在 $\mathbf{Q}$ 上的最小多项式，$\deg\theta_1(x)=n$，且与 $\mathrm{i}\pi$ 互为共轭的根为 $\alpha_1=\mathrm{i}\pi,\ \alpha_2,\ \cdots,\ \alpha_n$，因此有

$$\theta_1(x)=(x-\alpha_1)(x-\alpha_2)\cdots(x-\alpha_n). \tag{14.42}$$

再由 $\alpha_1,\ \alpha_2,\ \cdots,\ \alpha_n$ 构造 $(\mathrm{e}^{\alpha_1}+1)(\mathrm{e}^{\alpha_2}+1)\cdots(\mathrm{e}^{\alpha_n}+1)$，则由(14.41)，有

$$(\mathrm{e}^{\alpha_1}+1)(\mathrm{e}^{\alpha_2}+1)\cdots(\mathrm{e}^{\alpha_n}+1)=0. \tag{14.43}$$

(ii) 展开(14.43)：由 $\mathrm{e}^{\alpha_1}\times1\times\cdots\times1=\mathrm{e}^{\alpha_1},\ \cdots,\ \mathrm{e}^{\alpha_n}\times1\times\cdots\times1=\mathrm{e}^{\alpha_n}$，就有 $\mathrm{e}^{\alpha_1},\ \mathrm{e}^{\alpha_2},\ \cdots,\ \mathrm{e}^{\alpha_n}$；由 $\mathrm{e}^{\alpha_1}\times\mathrm{e}^{\alpha_2}\times1\times\cdots\times1=\mathrm{e}^{\alpha_1+\alpha_2},\ \cdots$，就有 $\mathrm{e}^{\alpha_1+\alpha_2},\ \mathrm{e}^{\alpha_1+\alpha_3},\ \cdots,\ \mathrm{e}^{\alpha_{n-1}+\alpha_n}$；…… 当然，还有 $1\times1\times\cdots\times1=1^n=1$ 这一项. 所以(14.43) 的展开式是由 e 的有下列指数的各项与 1 的一个和式.

$$\begin{aligned}
&1\text{ 个 }\alpha_i:\ \alpha_1,\ \alpha_2,\ \cdots,\ \alpha_n,\\
&2\text{ 个 }\alpha_i:\ \alpha_1+\alpha_2,\ \alpha_1+\alpha_3,\ \cdots,\ \alpha_{n+1}+\alpha_n,\\
&\cdots\cdots\\
&n-1\text{ 个 }\alpha_i:\ \alpha_2+\alpha_3+\cdots+\alpha_n,\ \alpha_1+\alpha_3+\cdots+\alpha_n,\ \cdots,\ \alpha_1+\alpha_2+\cdots+\alpha_{n-1},\\
&n\text{ 个 }\alpha_i:\ \alpha_1+\alpha_2+\cdots+\alpha_n.
\end{aligned} \tag{14.44}$$

(iii) 利用(14.44)第 i 行中的各个元，构造 $\theta_i(x),\ i=1,\ 2,\ \cdots,\ n$，即

$$\begin{aligned}
&\theta_1(x)=(x-\alpha_1)(x-\alpha_2)\cdots(x-\alpha_n),\\
&\theta_2(x)=[x-(\alpha_1+\alpha_2)][x-(\alpha_1+\alpha_3)]\cdots[x-(\alpha_{n+1}+\alpha_n)],\\
&\cdots\cdots\\
&\theta_n(x)=x-(\alpha_1+\alpha_2+\cdots+\alpha_n).
\end{aligned} \tag{14.45}$$

显然，$\theta_i(x)$ 是以(14.44) 中第 i 行的各数为根的，且 $\theta_1(x)$ 即是(14.42). 另外，在 $\theta_i(x)$ 中，它的各系数是 $\alpha_1,\ \alpha_2,\ \cdots,\ \alpha_n$ 的对称多项式，而 $\alpha_1,\ \alpha_2,\ \cdots,\ \alpha_n$ 又是 $\theta_1(x)\in\mathbf{Q}[x]$ 的根，所以由定理 9.13.1，这是系数都是有理数. 因此，$\theta_i(x)\in\mathbf{Q}[x],\ i=1,\ 2,\ \cdots,\ n.$

(iv) 由 $\theta_1(x),\ \theta_2(x),\ \cdots,\ \theta_n(x)$构造

$$\bar{\theta}(x)=\theta_1(x)\theta_2(x)\cdots\theta_n(x)\in\mathbf{Q}[z]. \tag{14.46}$$

由于(14.44)中有些和可能为零，这就使 $\bar{\theta}(x)$有零根. 于是我们就给 $\bar{\theta}(x)$

除以 x 的一个适当的幂,以消除 $\bar{\theta}(x)$的各零根. 再对这样得出的多项式乘以适当的整数 c,以得出一个整系数多项式

$$\theta(x)=c(x-\beta_1)(x-\beta_2)\cdots(x-\beta_r)\in \mathbf{Z}[x], \tag{14.47}$$

其中 $\beta_1, \beta_2, \cdots, \beta_r$是(14.44)中不为零的元. 于是(14.43)具有下列形式

$$e^{\beta_1}+e^{\beta_2}+\cdots+e^{\beta_r}+e^0+e^0+\cdots+e^0=0, \tag{14.48}$$

或者

$$e^{\beta_1}+e^{\beta_2}+\cdots+e^{\beta_r}+k=0, \tag{14.49}$$

其中 $k\in \mathbf{N}$. 由于(14.43) 的展开式中有 $1\times 1\times\cdots\times 1=1^n$ 这一项,所以 $k>0$,即 $k\in \mathbf{N}^*$.

另外,从(14.47)有

$$\theta(x)=cx^r+c_1x^{r-1}+\cdots+c_0\in \mathbf{Z}[x], \tag{14.50}$$

其中除 $c\neq 0$ 以外,$c_0\neq 0$,因为否则的话 $\theta(x)$ 就有零根了.

(v) 设 p 是任意一个素数,定义 $s=rp-1$,且用 s, p, c 及 $\theta(x)$ 定义

$$f(x)=\frac{c^s x^{p-1}\{\theta(x)\}^p}{(p-1)!}. \tag{14.51}$$

注意到 $\deg f(x)=p-1+p\deg\theta(x)=p-1+rp=s+p$,则有 $f^{(p+s+1)}(x)=0$, 依此定义(参见(14.29)):

$$\begin{aligned}F(x)&=f(x)+f'(x)+\cdots+f^{(s+p)}(x)\\&=\sum_{t=0}^{s+p}f^{(t)}(x),\end{aligned} \tag{14.52}$$

其中 $f^{(0)}(x)=f(t)$. 类似于(14.30)—(14.32),这里也有

$$\frac{d}{dx}[e^{-x}F(x)]=-e^{-x}f(x), \tag{14.53}$$

把变量 x 更换为 y,则有

$$\frac{d}{dy}[e^{-y}F(y)]=-e^{-y}f(y), \tag{14.54}$$

对此两边积分可得

$$\int_0^x \mathrm{d}(\mathrm{e}^{-y}F(y)) = -\int_0^x \mathrm{e}^{-y}f(y)\mathrm{d}y, \tag{14.55}$$

于是

$$-\int_0^x \mathrm{e}^{-y}f(y)\mathrm{d}y = [\mathrm{e}^{-y}F(y)]\big|_0^x = \mathrm{e}^{-x}F(x) - F(0). \tag{14.56}$$

在此式的左端将积分变量 y 更换为 λ,而置 $y=\lambda x$,则 $\mathrm{d}y = x\mathrm{d}\lambda$,且从 $y=0$, $y=x$,分别有 $\lambda=0$, $\lambda=1$. 于是从

$$-\int_0^1 \mathrm{e}^{-\lambda x}f(\lambda x)x\mathrm{d}\lambda = \mathrm{e}^{-x}[F(x) - \mathrm{e}^x F(0)], \tag{14.57}$$

有

$$-x\int_0^1 \mathrm{e}^{(1-\lambda)x}f(\lambda x)\mathrm{d}\lambda = F(x) - \mathrm{e}^x F(0). \tag{14.58}$$

在此式中令 x 取遍 $\beta_1, \beta_2, \cdots, \beta_r$ 并对两边求和,注意到(14.49),最后有

$$-\sum_{j=1}^r \beta_j \int_0^1 \mathrm{e}^{(1-\lambda)\beta_j} f(\lambda\beta_j)\mathrm{d}\lambda = \sum_{j=1}^r F(\beta_j) + kF(0). \tag{14.59}$$

接下来就来分析此式的左右两边.

(vi) 对于(14.59)右边的 $\sum\limits_{j=1}^r F(\beta_j)$,从 $F(x)$的定义(14.52),有

$$\sum_{j=1}^r \sum_{t=0}^{s+p} f^{(t)}(\beta_j) = \sum_{t=0}^{s+p} \sum_{j=1}^r f^{(t)}(\beta_j). \tag{14.60}$$

先计算其中的 $\sum\limits_{j=1}^r f^{(t)}(\beta_j)$.

考虑到 $f(x)$的定义(14.51),

$$f(x) = \frac{c^s x^{p-1}\{\theta(x)\}^p}{(p-1)!}, \tag{14.61}$$

对其求导是对乘积函数的求导,又由于 $\theta(\beta_j)=0$, $j=1, 2, \cdots, r$,所以对 $[\theta(x)]^p$ 至少要求导 p 次后,在 β_j, $j=1, 2, \cdots, r$ 取值时才会给出一个不为零的项,也即有

$$\sum_{j=1}^r f^{(t)}(\beta_j) = 0, \text{若 } 0 < t < p. \tag{14.62}$$

为了计算 $\sum_{j=1}^{r} f^{(t)}(\beta_j)$，$t \geqslant p$，考虑到对$[\theta(x)]^p$ 求导 1 次，就得出 $p[\theta(x)]^{p-1}\frac{\mathrm{d}}{\mathrm{d}x}\theta(x)$，所以每一个导数 $f^{(t)}(\beta_j)$，$t \geqslant p$，$j=1, 2, \cdots, r$ 都有一个因子 p.

另外，因为 $\deg f(x) = s+p$，所以 $\deg f^{(t)}(x) = s+p-t \leqslant s$，若 $t \geqslant p$，于是 $\deg f^{(t)}(\beta_j) \leqslant s$，$t \geqslant p$，$j=1, 2, \cdots, r$. 再者 $g(\beta_1, \beta_2, \cdots, \beta_r) \equiv \sum_{j=1}^{r} f^{(t)}(\beta_j)$ 又是 $\beta_1, \beta_2, \cdots, \beta_r$ 的对称多项式，而 $\beta_1, \beta_2, \cdots, \beta_r$ 又是 $\theta(x) = c\left(x^r + \frac{c_1}{c}x^{r-1} + \cdots + \frac{c_0}{c}\right)$ 的根（参见(14.50) 与(14.47)）. 于是由对称多项式基本定理 9.12.1 可知 $g(\beta_1, \beta_2, \cdots, \beta_r)$ 可以用初等对称多项式 $\sigma_1 = -\frac{c_1}{c}$，$\sigma_2 = \frac{c_2}{c}$，$\cdots$，$\sigma_r = (-1)^r\frac{c_0}{c} \in \mathbf{Q}$ 的一个多项式来表示. (14.61) 中引入的因子 c^s，保证了 $g(\beta_1, \beta_2, \cdots, \beta_r) \in \mathbf{Z}$（参见例 14.5.1）. 这样就有

$$\sum_{j=1}^{r} f^{(t)}(\beta_j) = pk_t,\ k_t \in \mathbf{Z},\ t \geqslant p. \tag{14.63}$$

综合(14.62)及(14.63)，由(14.60)给出的(14.59)右边的

$$\begin{aligned}
&\sum_{j=1}^{r} F(\beta_j) = \sum_{t=0}^{s+p}\sum_{j=1}^{r} f^{(t)}(\beta_j) = \sum_{t=0}^{t<p}\sum_{j=1}^{r} f^{(t)}(\beta_j) + \\
&\sum_{t=p}^{s+p}\sum_{j=1}^{r} f^{(t)}(\beta_j) = \sum_{t=p}^{s+p}\sum_{j=1}^{r} f^{(t)}(\beta_j) \\
&= pk_p + pk_{p+1} + \cdots + pk_{p+s},\ k_p, k_{p+1}, \cdots, k_{p+s} \in \mathbf{Z}.
\end{aligned} \tag{14.64}$$

(vii) 计算(14.59)右边的 $F(0)$. 先由(14.52)可得

$$F(0) = \sum_{t=0}^{s+p} f^{(t)}(0). \tag{14.65}$$

此时 $x=0$ 不是 $\theta(x) = cx^r + c_1x^{r-1} + \cdots + c_0$ 的根，但是 $x=0$ 是 $f(x)$ 中因式 x^{p-1} 的根. 经计算分析后得出（参见例 14.5.2）

$$f^{(t)}(0) = \begin{cases} 0, & t \leqslant p-2, \\ c^s c_0^p, & t = p-1, \\ l_t p, & t \geqslant p, \end{cases} \tag{14.66}$$

其中 $l_t \in \mathbf{Z}$. 于是综合上面关于 $\sum_{j=1}^{r} F(\beta_j)$ 以及 $F(0)$ 的讨论结果，得出(14.59)的右方为

$$\sum_{j=1}^{r} F(\beta_j) + kF(0) = p(k_p + k_{p+1} + \cdots + k_{p+s}) + k(c^s c_0^p + l_p p + l_{p+1} p + \cdots)$$
$$= Kp + kc^s c_0^p, \tag{14.67}$$

其中 $K \in \mathbf{Z}$，而 $k \in \mathbf{N}^*$，由(14.49)给出.

(viii) 注意到 $k > 1$, $c \neq 0$, $c_0 \neq 0$，我们对待定的素数 p，选取

$$p > k,\ |c|,\ |c_0| \text{ 中的最大值}, \tag{14.68}$$

因而有 $p \nmid k$, $p \nmid |c|$, $p \nmid |c_0|$. 因此 $p \nmid (Kp + kc^s c_0^p)$.

这就是说，(14.59)的右边是一个不能被素数 p 整除的整数. 因此，它必不为零.

(ix) 对(14.59)左边的积分估值. 注意到 $\lambda \in [0, 1]$，定义

$$m(j) \text{ 为 } |\theta(\lambda\beta_j)| \text{ 在区间}[0, 1]\text{ 中的上确界}, \tag{14.69}$$

那么就能得出

$$|f(\lambda\beta_j)| \leqslant \frac{|c|^s |\beta_j|^{p-1} [m(j)]^p}{(p-1)!}. \tag{14.70}$$

令 B 表示

$$\int_0^1 e^{(1-\lambda)\beta_j} d\lambda,\ j = 1, 2, \cdots, r \tag{14.71}$$

中最大值的绝对值，则对(14.59)的左方有

$$\left| -\sum_{j=1}^{r} \beta_j \int_0^1 e^{(1-\lambda)\beta_j} f(\lambda\beta_j) d\lambda \right| \leqslant \sum_{j=1}^{r} \frac{|\beta_j|^p |c^s| |m(j)|^p B}{(p-1)!}. \tag{14.72}$$

当 $p \to \infty$，这一不等式的右边 $\to 0$，因此(14.59)的左边也 $\to 0$. 这就与(14.59)的右边必不为零矛盾了. 于是 π 是一个超越数得证.

例 14.5.2 设 $p = 2$, $\theta(x) = cx + c_0$, $c_0 \neq 0$，因此 $r = 1$, $s = rp - 1 = 1$，则

$$f(x) = \frac{c^s x^{p-1} \{\theta(x)\}^p}{(p-1)!} = \frac{cx\{cx + c_0\}^2}{1!} = c^3 x^3 + 2c^2 c_0 x^2 + cc_0^2 x.$$

所以有

$$\begin{aligned}&f^{(0)}(0)=f(0)=0,\ t\leqslant p-2=0,\\&f^{(1)}(0)=cc_0^2,\ t=p-1=1,\\&\begin{cases}f^{(2)}(0)=4c^2c_0,\\f^{(3)}(0)=6c^3,\end{cases}\ t\geqslant p=2.\end{aligned}$$

§14.6　超越数的一些基本定理

瑞士数学家欧拉早在1744年就认识到代数数与超越数的区别,他说超越数"超越了代数方法的能力".事实上,我们有

定理14.6.1　设α是代数数,且τ是超越数,则$\alpha+\tau$是超越数.

反证法.设$\beta=\alpha+\tau$是代数数,则从α, $\beta\in A$,有$\tau=\beta-\alpha\in A$(参见推论10.8.1).

定理14.6.2　设α是代数数,$\alpha\neq 0$且τ是超越数,则$\alpha\tau$超越数.

可以用类似定理14.6.1的证明方法证明.也可以如下证明:设$\alpha\tau$,$\alpha\neq 0$是代数数.因此有$f(x)\in\mathbf{Q}[x]$,使得$f(\alpha\tau)=0$.记$f(\alpha x)=g(x)$,则$g(x)\in A[x]$且$g(\tau)=0$.于是从定理11.7.1有$\tau\in A$,这就得出了矛盾.

定理14.6.3　设τ是超越数,则$\frac{1}{\tau}$是超越数.

反证法:设$\alpha=\frac{1}{\tau}$是代数数,则$\alpha\tau=1\in A$,但从定理14.6.2却有$\alpha\tau=1$是超越数,这就得出了矛盾.

例14.6.1　证明$\sqrt[3]{\pi}$是超越数.

若$\tau=\sqrt[3]{\pi}$是代数数,则$\tau\cdot\tau\cdot\tau=\pi$是代数数.

例14.6.2　证明$(\sqrt{2}+\sqrt{\pi})^2$是超越数.

设$\tau=(\sqrt{2}+\sqrt{\pi})^2$,则可导出$\pi^2-(2\tau+4)\pi+(\tau^2-4\tau+4)=0$.如果$\tau$是代数数,则从$x^2-(2\tau+4)x+(\tau^2-4\tau+4)\in A[x]$,可得出$\pi$是代数数.

例14.6.3　证明π^3是超越数.

设$\pi^3=\tau$.如果τ是代数数,则$x^3-\tau\in A[x]$.于是该多项式的根$x=\pi$,就是代数数了.

§14.7 超越扩域、代数扩域，以及有限扩域

知道了π、e等是超越数以后，我们就可以构造$\mathbf{Q}(\pi)$，$\mathbf{Q}(\mathrm{e})$等.或者更一般地，如果τ是域F上的一个超越元，则可构成域$F(\tau)$——包含F以及τ的最小域(参见§10.1及§10.9).

K是F的一个代数扩域指的是K中的每一个元都是F上的代数元(参见§11.1).现在$F(\tau)/F$，而τ却不是F上的代数元.所以$F(\tau)$不是F的一个代数扩域，而是F的一个单超越扩域.

此时对单代数扩域成立的结构定理10.9.1就不再成立了.而且我们知道有限扩域一定是代数扩域(参见定理11.6.1)，所以$F(\tau)$就不是一个有限扩域，而是一个无限扩域.例如，$\mathbf{Q}(\pi)$就是$\mathbf{Q}$的一个无限扩域.

另外，从$\mathbf{R}\supset\mathbf{Q}$，且$\pi\in\mathbf{R}$，有$\mathbf{R}\supset\mathbf{Q}(\pi)\supset\mathbf{Q}$，可知$\mathbf{R}$也一定不是$\mathbf{Q}$的一个有限扩域，$\mathbf{R}$除了包含刘维尔数$\xi$，$\pi$，e等这一些超越元外，还包含可数个$\sqrt[n]{m}$，$m=1, 2, \cdots$，$n=1, 2, 3, \cdots$(参见图13.4.1)，当然还有$\sqrt{\pi}$，$\pi^3$等.

最后我们来回答“代数扩域是否一定是有限扩域”这一问题.

首先单代数扩域一定是有限扩域(参见例11.4.4)，那么一般的代数扩域呢？我们举一个例来说明.

$\mathbf{Q}$上的所有代数数构成代数数域A(参见推论10.8.1).A当然是$\mathbf{Q}$的一个代数扩域.不过，$\sqrt{2}$，$\sqrt[3]{2}$，$\sqrt[4]{2}$，$\cdots\in A$，而且因为2不是(完全)平方数，立方数，……，所以$\sqrt{2}$，$\sqrt[3]{2}$，$\sqrt[4]{3}\notin\mathbf{Q}$等等.由此构造$\mathbf{Q}(\sqrt[n]{2})$，$n=2, 3, \cdots$，而有$\mathbf{Q}\subset\mathbf{Q}(\sqrt[n]{2})\subset A$.从$[\mathbf{Q}(\sqrt[n]{2}):\mathbf{Q}]=n$，$n=2, 3, \cdots$，可知$A$在$\mathbf{Q}$上不是有限维的.所以一般来说，代数扩域不一定是有限扩域.

§14.8 尾声
——希尔伯特第七问题以及盖尔方德-施奈德定理

在世纪之交的1900年，德国数学家希尔伯特在巴黎召开的第二届国际数学家代表大会上提出了23个重要的数学问题，以供数学家们在新的世纪中研究，其中的第七问题中的后半部分是关于某些数的超越性的：

若α是一个不等于0或1的代数数，而β是一个非有理的代数数，问α^β是

否是超越数. 他举了两个例：$2^{\sqrt{2}}$以及e^{π}.

1934年，苏联数学家盖尔方德(Alexander Osipovich Gelfond，1906—1968)，以及德国数学家施奈德(Theodor Schneider，1911—1988)分别独立地证明了：

定理 14.8.1(盖尔方德-施奈德)　如果α是不等于0或1的代数数，而β是一个非有理代数数，则$\alpha^{\beta}=e^{\beta\log\alpha}$是超越数.

当然，这里的log是以e为底的.

例 14.8.1　$\sqrt{2}\in A$，所以$\sqrt{2}^{\sqrt{2}}$是超越数.

例 14.8.2　由$e^{\frac{i\pi}{2}}=i$，有$e^{\pi}=i^{-2i}$. 故取$\alpha=i$，$\beta=-2i$，可知$\alpha^{\beta}=e^{\pi}$是超越数.

例 14.8.3　$(\sqrt{2}^{\sqrt{2}})^{\sqrt{2}}=\sqrt{2}^{\sqrt{2}\sqrt{2}}=2$，这与定理14.8.1不矛盾，因为$\sqrt{2}^{\sqrt{2}}$是超越数.

关于定理14.8.1的证明可参见[13]. 该定理在不同文献中会有不同的陈述，下面我们给出并证明它的一些等价表述. 这又能使我们有机会去思考、练习以及应用有关的一些概念、定理以及数学推理.

(i) 若l、β是复数，且$l\neq 0$及$\beta\notin\mathbf{Q}$，那么e^{l}、β及$e^{\beta l}$之中至少有一个是超越数.

(ii) 若α、β是代数数，且$\log\alpha$与$\log\beta$在$\mathbf{Q}$上线性无关，那么$\log\alpha$、$\log\beta$在代数数域上线性无关.

(iii) 若α、β是非零代数数，$\beta\neq 1$，且$\dfrac{\log\alpha}{\log\beta}\notin\mathbf{Q}$，那么$\dfrac{\log\alpha}{\log\beta}$是超越数.

这里的log都是指自然对数，即以e为底的对数.

先证明：由定理14.8.1可推出(i)：

按(i)的条件：若l、β是复数，$l\neq 0$，且$\beta\notin\mathbf{Q}$，定义$\alpha=e^{l}$，则$\alpha\neq 0$或1. 按α、β有下列4种情况分别讨论如下：

(1) α是代数数，β是代数数. 此时定理14.8.1给出$\alpha^{\beta}=e^{\beta l}$是超越数. (i)成立.

(2) α是代数数，β是超越数. (i)成立.

(3) α是超越数，β是代数数. 此时由$\alpha=e^{l}$，(i)成立.

(4) α是超越数，β是超越数. 此时由$\alpha=e^{l}$，(i)成立.

由(i)可推出(ii)：

按(ii)的条件：α与β是代数数，且$\log\alpha$与$\log\beta$在$\mathbf{Q}$上线性无关. 若$\alpha=1$，

则存在 $p\in\mathbf{Q}$, $p\neq 0$,使得 $p\log\alpha+0\cdot\log\beta=0$,即 $\log\alpha$ 与 $\log\beta$ 在 $\mathbf{Q}$ 上相关了. 同理,若 $\beta=1$, $\log\alpha$ 与 $\log\beta$ 在 $\mathbf{Q}$ 上相关. 所以从 $\log\alpha$ 与 $\log\beta$ 在 $\mathbf{Q}$ 上线性无关可推出 α 与 β 都不能等于1. 于是 $\log\alpha$ 与 $\log\beta$ 都不为0,而且 $\dfrac{\log\alpha}{\log\beta}\notin\mathbf{Q}$. 此时令 $l=\log\beta\neq 0$,且 $\beta'=\dfrac{\log\alpha}{\log\beta}\notin\mathbf{Q}$. 由此,有 $e^{l}=e^{\log\beta}=\beta$,按假设它是代数数;另外 $l\beta'=\log\alpha$,所以 $e^{l\beta'}=e^{\log\alpha}=\alpha$,按假设它也是代数数. 我们针对 l 及 β' 应用(i): $e^{l}=\beta$, $\beta'=\dfrac{\log\alpha}{\log\beta}$, $e^{l\beta'}=\alpha$ 之中至少有一个超越数. 那么 $\beta'=\dfrac{\log\alpha}{\log\beta}$ 就是超越数了. 然而,这又等价于 $\log\alpha$ 与 $\log\beta$ 在代数数域上线性无关(参见定义11.3.1). 这是因为若 $\log\alpha$ 与 $\log\beta$ 在代数数域上线性相关,则存在不全为零的 l, $m\in A$,使得 $l\log\alpha+m\log\beta=0$. 若 $l\neq 0$,则 $\dfrac{\log\alpha}{\log\beta}=-\dfrac{m}{l}\in A$,即 $\dfrac{\log\alpha}{\log\beta}\in A$,这就矛盾了;若 $m\neq 0$,同理可推出 $\dfrac{\log\beta}{\log\alpha}=-\dfrac{l}{m}\in A$. 这也表明 $\dfrac{\log\alpha}{\log\beta}\in A$,也矛盾了. 因此(ii)得证.

由(ii)推出定理14.8.1:

按定理14.8.1的条件:若 α 是 $\neq 0$ 和1的代数数,而 β 是一个非有理代数数,即 $\beta\notin\mathbf{Q}$. 令 $\beta'=e^{\beta\log\alpha}$,有 $\log\beta'=\beta\log\alpha$,以及 $\beta'=\alpha^{\beta}$. 若 α^{β} 是超越数,此时有定理14.8.1;若 $\beta'=\alpha^{\beta}$ 不是超越数,即是代数数,在下列两种情况下都会有矛盾:

(1) 如果 $\log\alpha$ 与 $\log\beta'=\beta\log\alpha$ 在 $\mathbf{Q}$ 上线性相关,则存在不全为零的 l, $m\in\mathbf{Q}$,使得 $l\log\alpha+m\log\beta'=0$,即 $(l+m\beta)\log\alpha=0$,此时有 $l+m\beta=0$,当 $m=0$,能推出 $l=0$,即 $l=m=0$,所以 l、m 不全为零就保证一定有 $m\neq 0$,而此时 $\beta=\dfrac{-l}{m}\in\mathbf{Q}$. 这就与 $\beta\notin\mathbf{Q}$ 这一假设矛盾了.

(2) 如果 $\log\alpha$ 与 $\log\beta'=\beta\log\alpha$ 在 $\mathbf{Q}$ 上线性无关,则由(ii)推得 $\log\alpha$ 与 $\log\beta'$ 在代数数域上无关. 然而, $\log\beta'=\beta\log\alpha$, $\beta\in A$, $\beta\notin\mathbf{Q}$,于是有 $-\beta\in A$, $\beta\neq 0$,以及 $(-\beta)\log\alpha+\beta\log\alpha=(-\beta)\log\alpha+\log\beta'=0$,即 $\log\alpha$ 与 $\log\beta'$ 在代数域上是相关的.

综上所言, α^{β} 是超越数. 定理14.8.1得证.

最后证明(ii)推出(iii),以及(iii)推出(ii).

由(ii)推出(iii)：

按(iii)的条件：α、β是非零代数数，$\beta\neq 1$，且$\dfrac{\log\alpha}{\log\beta}\notin\mathbf{Q}$，于是可知$\log\alpha$与$\log\beta$在$\mathbf{Q}$上线性无关. 因此由(ii)就推出$\log\alpha$与$\log\beta$在代数数域上无关. 这一点等价于$\dfrac{\log\alpha}{\log\beta}$是超越数. (iii)得证.

由(iii)推出(ii)：

按(ii)的条件：α、β是代数数，且$\log\alpha$与$\log\beta$在$\mathbf{Q}$上线性无关. 由此可知$\beta\neq 1$，且$\dfrac{\log\alpha}{\log\beta}\notin\mathbf{Q}$. 于是由(iii)就得出$\dfrac{\log\alpha}{\log\beta}$是超越数. 这也就是说$\log\alpha$与$\log\beta$在代数域上线性无关. (ii)得证.

综上所言，定理14.8.1除了本身外，还有等价的表述(i)，(ii)和(iii). 在[13]中采用了(ii)的表述.

如果我们把(i)称为三指数定理的话，现代超越数理论中还有下列这个漂亮的结果——六指数定理：

如果x_1、x_2是在$\mathbf{Q}$上两个线性无关的复数，而y_1、y_2、y_3是在$\mathbf{Q}$上三个线性无关的复数，则

$$e^{x_1y_1},\ e^{x_1y_2},\ e^{x_1y_3},\ e^{x_2y_1},\ e^{x_2y_2},\ e^{x_2y_3}$$

之中，至少有一个是超越数. 还有下列四指数猜想：如果x_1、x_2；以及y_1、y_2是两对复数，而其中每一对在$\mathbf{Q}$上都线性无关，那么

$$e^{x_1y_1},\ e^{x_1y_2},\ e^{x_2y_1},\ e^{x_2y_2}$$

之中至少有一个是超越数. 这个猜想至今尚未破解. 再者，$\pi+e$，π^e是不是无理数也尚未确定.

此外，人们也尚不知道欧拉常数

$$\gamma=\lim_{n\to\infty}\left(1+\frac{1}{2}+\frac{1}{3}+\cdots+\frac{1}{n}-\log n\right)\approx 0.577\,215\cdots$$

是不是无理数. 诸如这些有趣的课题还有待数学家们不断地深入探索和研究.

我们就此打住了. Finis coronat opus——功德圆满.

附　录

在附录1中，我们详细地推导了斐波那契数列的通项公式——比奈公式. 同时也简要地说明了求二阶常系数线性递推数列通项公式的一般方法. 在附录2中，我们讨论了一些函数的级数展开，并通过微积分基本定理导出了正文中的格雷戈里-莱布尼茨表达式. 在附录3中，我们叙述了古印度数学家马德哈瓦用"无穷级数"的方法，由此得出了π的一个新的表示式，并建立了马德哈瓦方法与格雷戈里-莱布尼茨表达式之间的联系. 在附录4中，我们借助复数导出了π的另两个表达式. 在附录5中，我们详尽地证明了多项式基本定理中多项式函数$g(x_1, x_2, \cdots, x_n)$的唯一性. 在附录6中，我们就正文中要用到的一些线性方程组的求解理论作了简要的说明和论述.

附录 1

比奈公式以及常系数线性递推数列

对斐波那契数列有 $F_1 = F_2 = 1$，$F_{n+2} = F_{n+1} + F_n$，$n \geqslant 1$. 为使符号简单，令 $F_n = x_n$，则

$$x_1 = x_2 = 1, \tag{1}$$

$$x_{n+2} = x_{n+1} + x_n,\ n \geqslant 1. \tag{2}$$

在(2)的两边加上 $-yx_{n+1}$，其中 y 待定，就有

$$\begin{aligned} x_{n+2} - yx_{n+1} &= x_{n+1} + x_n - yx_{n+1} \\ &= (1-y)\left(x_{n+1} - \frac{1}{y-1}x_n\right), \end{aligned} \tag{3}$$

令

$$X_{n+1} = x_{n+2} - yx_{n+1},\ n \geqslant 0, \tag{4}$$

有

$$X_1 = x_2 - yx_1, \tag{5}$$

若选择 y 满足

$$\frac{1}{y-1} = y, \tag{6}$$

或

$$y^2 - y - 1 = 0, \tag{7}$$

则可将(3)表达为

$$X_{n+1} = (1-y)X_n. \tag{8}$$

于是数列 $X_1, X_2, \cdots, X_n, \cdots$ 是我们熟悉的等比数列,其公比为 $q=1-y$,即

$$X_n = X_1 q^{n-1} = (x_2 - yx_1)q^{n-1}, \tag{9}$$

(7)的根

$$y = \frac{1 \pm \sqrt{5}}{2} \in \mathbf{R}, \tag{10}$$

因此,$y_1 = \frac{1+\sqrt{5}}{2} = \tau$, $y_2 = \frac{1-\sqrt{5}}{2} = \sigma$(参见 §2.3),且 $y_1 - y_2 = \tau - \sigma = \sqrt{5}$. 将 $q_1 = 1 - y_1 = 1 - \tau$ 给出的数列 $X_1, X_2, \cdots$ 记为 Y_n; $q_2 = 1 - y_2 = 1 - \sigma$ 给出的数列 $X_1, X_2, \cdots$ 记为 Z_n,则由(4),(5),(9)有

$$Y_n = x_{n+1} - \tau x_n = (x_2 - \tau x_1)(1-\tau)^{n-1} = (1-\tau)^n, \tag{11}$$

$$Z_n = x_{n+1} - \sigma x_n = (x_2 - \sigma x_1)(1-\sigma)^{n-1} = (1-\sigma)^n. \tag{12}$$

于是

$$Y_n - Z_n = (\sigma - \tau)x_n = \sigma^n - \tau^n, \tag{13}$$

其中用到了 $x_1 = x_2 = 1$,以及 $\tau + \sigma = 1$. 所以最后有

$$\begin{aligned} x_n &= \frac{\sigma^n - \tau^n}{-\sqrt{5}} = \frac{1}{\sqrt{5}}(\tau^n - \sigma^n) \\ &= \frac{\sqrt{5}}{5}\left[\left(\frac{1+\sqrt{5}}{2}\right)^n - \left(\frac{1-\sqrt{5}}{2}\right)^n\right]. \end{aligned} \tag{14}$$

此即斐波那契数列通项的比奈公式.

给定 x_1, x_2,而 $x_{n+2} = ax_{n+1} + bx_n$, $n \geqslant 1$ 的数列称为二阶常系数线性递推数列. 显然,当 $a = b = 1$ 给出的特例即是斐波那契数列. 与前述一样讨论,类似于(6),现在引入

$$\frac{b}{y-a} = y, \tag{15}$$

即

$$y^2 - ay - b = 0. \tag{16}$$

这一方程称为该线性递推数列的特征方程.

若(15)有两个不相等的实根 r, s,则类似于(11)与(12),有

$$Y_n = x_{n+1} - rx_n = (x_2 - rx_1)(a-r)^{n-1}, \tag{17}$$

$$Z_n = x_{n+1} - sx_n = (x_2 - sx_1)(a-s)^{n-1}. \tag{18}$$

而类似于(13),有

$$Y_n - Z_n = (s-r)x_n, \tag{19}$$

由此于是可得

$$\begin{aligned} x_n &= \frac{Y_n - Z_n}{s-r} = \frac{(x_2 - rx_1)(a-r)^{n-1} - (x_2 - sx_1)(a-s)^{n-1}}{s-r} \\ &= \frac{x_2 - rx_1}{s-r}(a-r)^{n-1} - \frac{x_2 - sx_1}{s-r}(a-s)^{n-1} \\ &= \frac{x_2 - rx_1}{s+b/s}s^{n-1} - \frac{x_2 - sx_1}{-b/r-r}r^{n-1} = \frac{x_2 - rx_1}{s^2+b}s^n + \frac{x_2 - sx_1}{r^2+b}r^n \\ &= c_1 r^n + c_2 s^n. \end{aligned} \tag{20}$$

在推导中,我们用到了(16)的根 r, s 与它的系数 $-a$, $-b$ 的关系: $r+s=a$, $rs=-b$.

(20) 称为二阶常系数线性递推数列的**通项公式**,其中 $c_1 = \dfrac{x_2 - sx_1}{r^2+b}$, $c_2 = \dfrac{x_2 - rx_1}{s^2+b}$. 于是只要给定了 x_1, x_2 和 a, b,以及由解此时的特征方程(16)而得出的根 r, s 便能得出通项公式(20). 常系数线性递推数列的各种变形也是奥数的学习内容(参见[4]).

附录 2

一些函数的级数展开与 π 的级数表示

对于实数域上的连续函数 $f(x)$，我们定义它的导数为

$$f'(x)=\lim_{\Delta x\to 0}\frac{f(x+\Delta x)-f(x)}{\Delta x}. \tag{1}$$

由此我们可以得出下面这些我们要用到的函数的求导公式：

$$\begin{aligned}&(x^n)'=nx^{n-1},\ n\in\mathbf{N}^*,\\&(\sin x)'=\cos x,\\&(\cos x)'=-\sin x,\\&(\mathrm{e}^x)'=\mathrm{e}^x,\\&(\arctan x)'=\frac{1}{1+x^2}.\end{aligned} \tag{2}$$

例 1 $(\sin x)''=-\sin x$，$(\sin x)^{(3)}=-\cos x$，$(\sin x)^{(4)}=\sin x$，$\cdots$.
$(\cos x)''=-\cos x$，$(\cos x)^{(3)}=\sin x$，$(\cos x)^{(4)}=\cos x$，$\cdots$.
$(\mathrm{e}^x)''=\mathrm{e}^x$，$(\mathrm{e}^x)^{(3)}=\mathrm{e}^x$，$(\mathrm{e}^x)^{(4)}=\mathrm{e}^x$，$\cdots$.

在微积分基本定理，即

$$\int f(x)\mathrm{d}x=F(x)+c \tag{3}$$

中，有 $F'(x)=f(x)$，由此称 $F(x)$是 $f(x)$的一个原函数. 于是(3)就把不定积分与函数的求导运算联系在一起，对应于(2)，特别地有

$$\int x^n\mathrm{d}x=\frac{x^{n+1}}{n+1}+c, \tag{4}$$

$$\int\frac{1}{1+x^2}\mathrm{d}x=\arctan x+c. \tag{5}$$

在 x 的函数之中，x 的多项式是较为简单的. 能不能用多项式来表示函数

$f(x)$呢？对于 $f(x)=\dfrac{1}{1+x}$，利用长除法可得

$$\frac{1}{1+x}=1-x+x^2-x^3+x^4+\cdots,\ x\in(-1,1). \tag{6}$$

不过这已经不是多项式，而是一个幂级数了. 再者，对于一般的函数 $f(x)$，我们还不能用长除法. 但我们有下列麦克劳林级数

$$f(x)=f(0)+f'(0)x+\frac{f''(0)}{2!}x^2+\frac{f^{(3)}(0)}{3!}x^3+\cdots. \tag{7}$$

例 2　对于 $f(x)=\dfrac{1}{1+x}$，有 $f'(x)=\dfrac{-1}{(1+x)^2}$，$f''(x)=\dfrac{2}{(1+x)^3}$，$f^{(3)}(x)=\dfrac{-6}{(1+x)^4}$，$f^{(4)}(x)=\dfrac{24}{(1+x)^5}$，$\cdots$. 于是由(7)就得出(6). 两种方法得出同一结果.

例 3　在(6)中以 x^2 代替 x，则有

$$\frac{1}{1+x^2}=1-x^2+x^4-x^6+x^8+\cdots.$$

根据例 1 的结果，由(7)可得出

$$\sin x=x-\frac{1}{3!}x^3+\frac{1}{5!}x^5-\cdots,\ x\in(-\infty,\infty), \tag{8}$$

$$\cos x=1-\frac{1}{2!}x^2+\frac{1}{4!}x^4-\cdots,\ x\in(-\infty,\infty), \tag{9}$$

$$\mathrm{e}^x=1+x+\frac{1}{2!}x^2+\frac{1}{3!}x^3+\frac{1}{4!}x^4+\cdots,\ x\in(-\infty,\infty). \tag{10}$$

相似地，我们也可以得出

$$\arctan x=x-\frac{1}{3}x^3+\frac{1}{5}x^5-\cdots,\ x\in[-1,1]. \tag{11}$$

此即正文中的格雷戈里-莱布尼茨表达式.

例 4　利用由(5)推出的 $\int_0^1\dfrac{1}{1+x^2}\mathrm{d}x=\arctan 1$，以及例 3 的结果有

$$\arctan 1 = \int_0^1 \frac{1}{1+x^2}\mathrm{d}x = \int_0^1 (1 - x^2 + x^4 - x^6 + x^8 + \cdots)\mathrm{d}x$$
$$= 1 - \frac{1}{3} + \frac{1}{5} - \cdots. \tag{12}$$

此即(11)中当 $x = 1$ 时给出的结果.

注意到 $\arctan 1 = \frac{\pi}{4}$，我们最后就有

$$\frac{\pi}{4} = 1 - \frac{1}{3} + \frac{1}{5} - \cdots. \tag{13}$$

附录 3

古印度数学家马德哈瓦用正切函数计算 π

古印度数学家马德哈瓦(Madhava of Sangamagrama,约 1340—约 1425)用“无穷级数”的方法得到了

$$\theta = \tan\theta - \frac{1}{3}\tan^3\theta + \frac{1}{5}\tan^5\theta - \frac{1}{7}\tan^7\theta + \cdots. \tag{1}$$

若在其中令 $\theta = \frac{\pi}{4}$,则有

$$\frac{\pi}{4} = 1 - \frac{1}{3} + \frac{1}{5} - \frac{1}{7} + \cdots. \tag{2}$$

此即正文中的(7.8).若在其中令 $\theta = \frac{\pi}{6}$,则有

$$\frac{\pi}{6} = \frac{\sqrt{3}}{3} - \frac{1}{3} \times \frac{3 \times \sqrt{3}}{3^3} + \frac{1}{5} \times \frac{3^2 \times \sqrt{3}}{3^5} - \frac{1}{7} \times \frac{3^3 \times \sqrt{3}}{3^7} + \cdots, \tag{3}$$

即

$$\begin{aligned}\pi &= \sqrt{12} - \frac{1}{3} \times \frac{\sqrt{12}}{3} + \frac{1}{5} \times \frac{\sqrt{12}}{3^2} - \frac{1}{7} \times \frac{\sqrt{12}}{3^3} + \cdots \\ &= \sqrt{12}\left(1 - \frac{1}{3} \times \frac{1}{3} + \frac{1}{5} \times \frac{1}{3^2} - \frac{1}{7} \times \frac{1}{3^3} + \cdots\right).\end{aligned} \tag{4}$$

据此,他在 1400 年左右算得

$$\pi \approx 3.141592653592222. \tag{5}$$

这与准确值

$$\pi = 3.141592653589793\cdots \tag{6}$$

很接近了.

据传,他使用了正弦函数的无穷级数法,即从

$$
\begin{aligned}
\tan\theta &= \theta + \frac{1}{3}\theta^3 + \frac{2}{15}\theta^5 + \frac{17}{315}\theta^7 + \cdots, \\
\tan^2\theta &= \theta^2 + \frac{2}{3}\theta^4 + \frac{17}{45}\theta^6 + \frac{62}{315}\theta^8 + \cdots, \\
\tan^3\theta &= \theta^3 + \theta^5 + \frac{11}{15}\theta^7 + \frac{88}{189}\theta^9 + \cdots, \\
\tan^4\theta &= \theta^4 + \frac{4}{3}\theta^6 + \frac{6}{5}\theta^8 + \frac{848}{945}\theta^{10} + \cdots, \\
\tan^5\theta &= \theta^5 + \frac{5}{3}\theta^7 + \frac{16}{9}\theta^9 + \frac{289}{189}\theta^{11} + \cdots, \\
&\cdots\cdots
\end{aligned}
\tag{7}
$$

而得出(1)的.事实上,根据前述,我们不难看出(1)与正文中(7.7),即格雷戈里-莱布尼茨表达式(参见附录2)

$$\arctan x = x - \frac{x^3}{3} + \frac{x^5}{5} - \frac{x^7}{7} + \cdots \tag{8}$$

的联系.这只要令

$$\arctan x = \theta, \tag{9}$$

则从

$$\tan\theta = x$$

立即可以从(8)得出(1).

值得一提的是,马德哈瓦要比牛顿和莱布尼茨早250年就已经发现无穷级数了.

附录 4

用虚数单位 i 导出 π 的另两个级数表示

虚数单位 i 的模为 1，幅角为$\frac{\pi}{2}$，因此可将它表示为

$$\mathrm{i} = \cos\frac{\pi}{2} + \mathrm{i}\sin\frac{\pi}{2} = \mathrm{e}^{\mathrm{i}\frac{\pi}{2}}, \tag{1}$$

这个式子表明 π 与 i 是有联系的. 不过，为了由此得出 π 的级数表示，我们还得按下列各步骤进行：

(i) 对(1)两边取自然对数，有

$$\pi = \frac{2}{\mathrm{i}}\ln \mathrm{i}. \tag{2}$$

(ii) 利用 $f(x)$ 的麦克劳林级数

$$f(x) = f(0) + f'(0)x + \frac{f''(0)}{2!}x^2 + \frac{f'''(0)}{3!}x^3 + \cdots \tag{3}$$

以及

$$(\ln x)' = \frac{1}{x}, \tag{4}$$

我们不难得出

$$\ln(1+x) = x - \frac{1}{2}x^2 + \frac{1}{3}x^3 - \frac{1}{4}x^4 + \cdots \tag{5}$$

与

$$\ln(1-x) = -x - \frac{1}{2}x^2 - \frac{1}{3}x^3 - \frac{1}{4}x^4 + \cdots. \tag{6}$$

因此有

$$\ln\frac{1+x}{1-x}=\ln(1+x)-\ln(1-x)$$
$$=2\left(x+\frac{1}{3}x^3+\frac{1}{5}x^5+\frac{1}{7}x^7+\cdots\right). \tag{7}$$

(iii) 为了把(2)与(7)关联起来,我们假定有 $\mathrm{i}=\dfrac{a+b\mathrm{i}}{a-b\mathrm{i}}$,于是

$$\ln\mathrm{i}=\ln\frac{a+b\mathrm{i}}{a-b\mathrm{i}}=\ln\frac{1+\frac{b}{a}\mathrm{i}}{1-\frac{b}{a}\mathrm{i}}, \tag{8}$$

于是只要在(7)中令 $x=\dfrac{b}{a}\mathrm{i}$,就能得出 $\ln\mathrm{i}$ 的级数表达式了.

(iv) 分别计算 $(5+\mathrm{i})^4(-239+\mathrm{i})$ 和$(5-\mathrm{i})^4(-239-\mathrm{i})$,有

$$(5+\mathrm{i})^4(-239+\mathrm{i})=-114244-114244\mathrm{i}, \tag{9}$$
$$(5-\mathrm{i})^4(-239-\mathrm{i})=-114244+114244\mathrm{i}, \tag{10}$$

因此,最后有

$$\frac{\pi}{4}=\frac{1}{2\mathrm{i}}\ln\mathrm{i}=\frac{1}{2\mathrm{i}}\ln\frac{(5+\mathrm{i})^4(-239+\mathrm{i})}{(5-\mathrm{i})^4(-239-\mathrm{i})}$$
$$=\frac{1}{2\mathrm{i}}\left(4\ln\frac{5+\mathrm{i}}{5-\mathrm{i}}+\ln\frac{-239+\mathrm{i}}{-239-\mathrm{i}}\right)$$
$$=4\left(\frac{1}{5}-\frac{1}{3}\times\frac{1}{5^3}+\frac{1}{5}\times\frac{1}{5^5}-\frac{1}{7}\times\frac{1}{5^7}+\cdots\right) \tag{11}$$
$$-\left(\frac{1}{239}-\frac{1}{3}\times\frac{1}{239^3}+\frac{1}{5}\times\frac{1}{239^5}-\frac{1}{7}\times\frac{1}{239^7}+\cdots\right),$$

即

$$\pi=16\left(\frac{1}{5}-\frac{1}{3\times5^3}+\frac{1}{5\times5^5}-\frac{1}{7\times5^7}+\cdots\right)$$
$$-4\left(\frac{1}{239}-\frac{1}{3\times239^3}+\frac{1}{5\times239^5}-\frac{1}{7\times239^7}+\cdots\right). \tag{12}$$

这是我们得到的第一个表达式.

(v) 同样分别计算

$$(10+\mathrm{i})^8(-515+\mathrm{i})^4(-239+\mathrm{i})$$
$$=-1237098814777743829444-1237098814777743829444\mathrm{i} \tag{13}$$

和

$$(10-\mathrm{i})^8(-515-\mathrm{i})^4(-239-\mathrm{i})$$
$$=-1237098814777743829444+1237098814777743829444\mathrm{i}. \tag{14}$$

于是用类似于(iv)中的计算,不难得出

$$\begin{aligned}\pi=\frac{2}{\mathrm{i}}\ln\mathrm{i}&=\frac{2}{\mathrm{i}}\left(8\ln\frac{1+\frac{\mathrm{i}}{10}}{1-\frac{\mathrm{i}}{10}}-4\ln\frac{1+\frac{\mathrm{i}}{515}}{1-\frac{\mathrm{i}}{515}}-\ln\frac{1+\frac{\mathrm{i}}{239}}{1-\frac{\mathrm{i}}{239}}\right)\\&=32\left(\frac{1}{10}-\frac{1}{3\times10^3}+\frac{1}{5\times10^5}-\frac{1}{7\times10^7}+\cdots\right)\\&\quad-16\left(\frac{1}{515}-\frac{1}{3\times515^3}+\frac{1}{5\times515^5}-\frac{1}{7\times515^7}+\cdots\right)\\&\quad-4\left(\frac{1}{239}-\frac{1}{3\times239^3}+\frac{1}{5\times239^5}-\frac{1}{7\times239^7}+\cdots\right).\end{aligned} \tag{15}$$

这是我们要求的第二个表达式.

附录 5

对称多项式基本定理中多项式 $g(x_1, x_2, \cdots, x_n)$ 唯一性的证明

关于 n 个独立变元 $x_1, x_2, \cdots, x_n$

这里讨论的 n 个独立变元 $x_1, x_2, \cdots, x_n$ 都可以独立变化. 因此,若有 n 个独立变元 $x_1, x_2, \cdots, x_n$ 的两个多项式 $g(x_1, x_2, \cdots, x_n)$ 与 $h(x_1, x_2, \cdots, x_n)$,且 $g(x_1, x_2, \cdots, x_n) = h(x_1, x_2, \cdots, x_n)$,那么它们就是完全一样的多项式,即 $u(x_1, x_2, \cdots, x_n) = g(x_1, x_2, \cdots, x_n) - h(x_1, x_2, \cdots, x_n)$ 是一个 0 多项式. 这是因为,否则的话,$u(x_1, x_2, \cdots, x_n) = g(x_1, x_2, \cdots, x_n) - h(x_1, x_2, \cdots, x_n) = 0$,则给出了 $x_1, x_2, \cdots, x_n$ 之间的一个联系.

例 1 若 $g(x_1, x_2) = 2x_1^2 - x_2^2 - x_1x_2 + 3x_1 - 2x_2 + 3$, $h(x_1, x_2) = x_1^2 - 2x_2^2 + x_1x_2 - x_1 + 2x_2 - 1$,且 $g(x_1, x_2) = h(x_1, x_2)$,则有 $u(x_1, x_2) = g(x_1, x_2) - h(x_1, x_2) = x_1^2 + x_2^2 - 2x_1x_2 + 4x_1 - 4x_2 + 4 = 0$. 因此从 $u(x_1, x_2) = (x_1 - x_2 + 2)^2 = 0$,可得 $x_1 = x_2 - 2$.

对称多项式基本定理重述

正文中的定理 9.12.1 是对称多项式基本定理. 它说的是,对于域 F 上的关于 n 个独立变元 $x_1, x_2, \cdots, x_n$ 的任意对称多项式 $f(x_1, x_2, \cdots, x_n)$ 都存在 F 上的多项式 $g(x_1, x_2, \cdots, x_n)$,使得

$$f(x_1, x_2, \cdots, x_n) = g(\sigma_1, \sigma_2, \cdots, \sigma_n), \tag{1}$$

其中 $\sigma_1, \sigma_2, \cdots, \sigma_n$ 是 $x_1, x_2, \cdots, x_n$ 的初等对称多项式,即

$$
\begin{aligned}
&\sigma_1 = x_1 + x_2 + \cdots + x_n, \\
&\sigma_2 = x_1x_2 + x_1x_3 + \cdots + x_1x_n + x_2x_3 + \cdots + x_{n-1}x_n, \\
&\qquad \cdots\cdots \\
&\sigma_n = x_1x_2\cdots x_n.
\end{aligned} \tag{2}
$$

正文中就 $g(x_1, x_2, \cdots, x_n)$的存在性作出了证明. 下面我们要证明 $g(x_1, x_2, \cdots, x_n)$的唯一性,也即若存在 $h(x_1, x_2, \cdots, x_n)$,有

$$f(x_1, x_2, \cdots, x_n) = h(\sigma_1, \sigma_2, \cdots, \sigma_n), \tag{3}$$

则有

$$g(x_1, x_2, \cdots, x_n) = h(x_1, x_2, \cdots, x_n). \tag{4}$$

这里要提一下的问题是:从(1)和(3)有

$$g(\sigma_1, \sigma_2, \cdots, \sigma_n) = h(\sigma_1, \sigma_2, \cdots, \sigma_n), \tag{5}$$

为何由此不能直接推得(4),即这两个函数完全是一样的? 这在于 $x_1, x_2, \cdots, x_n$ 是独立变元,而 $\sigma_1, \cdots, \sigma_n$ 是通过(2),与 $x_1, x_2, \cdots, x_n$ 相关联的. 下面我们将从(5)推出(4),完成这一证明.

多元多项式的字典排序法

对于 n 元多项式

$$f(x_1, x_2, \cdots, x_n) = \sum_{i_1, i_2, \cdots, i_n} a_{i_1, i_2, \cdots, i_n} x_1^{i_1} x_2^{i_2} \cdots x_n^{i_n}, \tag{6}$$

我们把各 $a_{i_1, i_2, \cdots, i_n} x_1^{i_1} x_2^{i_2} \cdots x_n^{i_n}$ 称为单项式. 于是在整个多项式之中就有一个单项式的排序问题. 对于一个变元的多项式 $f(x)$,我们可以按照 x 的降幂或升幂来排列各单项式. 虽然这种方法对于 $n(>1)$ 个变元的多项式已不再适用,我们仍可以引入一种排列顺序的方法. 这种方法是模仿辞典排列的原则得出的,所以称为字典排列法. 对于

$$b_{k_1, k_2, \cdots, k_n} x_1^{k_1} x_2^{k_2} \cdots x_n^{k_n} \tag{7}$$

和

$$c_{l_1, l_2, \cdots, l_n} x_1^{l_1} x_2^{l_2} \cdots x_n^{l_n}, \tag{8}$$

若有

$$k_1 = l_1, k_2 = l_2, \cdots, k_{i-1} = l_{i-1}, k_i > l_i, 1 \leqslant i \leqslant n, \tag{9}$$

则称项(7)高于项(8). 这样就在多元多项式(6)中确定了一个次序,而把项(7)排在项(8)的前面. $f(x_1, x_2, \cdots, x_n)$中排在最前面的那个单项式称为$f(x_1, x_2, \cdots, x_n)$的首项.

例 2 设 $f(x_1, x_2, x_3) = x_1x_2 + 2x_2^4 + 3x_3^2 + x_1^2x_2$, 按字典式排列后有$f(x_1, x_2, x_3) = x_1^2x_2 + x_1x_2 + 2x_2^4 + 3x_3^2$. 此时首项为 $x_1^2x_2$,而它的最高次项为 $2x_2^4$.

由 $f(x_1, x_2, \cdots, x_n)$的首项与 $g(x_1, x_2, \cdots, x_n)$ 的首项得出$f(x_1, x_2, \cdots, x_n)g(x_1, x_2, \cdots, x_n)$的首项

设 $f(x_1, x_2, \cdots, x_n)$的首项为

$$t_{k_1, k_2, \cdots, k_n} x_1^{k_1} x_2^{k_2} \cdots x_n^{k_n}, \tag{10}$$

而其他一般项为

$$t'_{k'_1, k'_2, \cdots, k'_n} x_1^{k'_1} x_2^{k'_2} \cdots x_n^{k'_n}, \tag{11}$$

于是一定存在指标 i, $1 \leqslant i \leqslant n$, 而有

$$k_1 = k'_1, k_2 = k'_2, \cdots, k_{i-1} = k'_{i-1}, k_i > k'_i. \tag{12}$$

同样,设 $g(x_1, x_2, \cdots, x_n)$的首项为

$$s_{l_1, l_2, \cdots, l_n} x_1^{l_1} x_2^{l_2} \cdots x_n^{l_n}, \tag{13}$$

而其他一般项为

$$s'_{l'_1, l'_2, \cdots, l'_n} x_1^{l'_1} x_2^{l'_2} \cdots x_n^{l'_n}, \tag{14}$$

则有指标 j, $1 \leqslant j \leqslant n$, 而有

$$l_1 = l'_1, l_2 = l'_2, \cdots, l_{j-1} = l'_{j-1}, l_j > l'_j, \tag{15}$$

于是对于 $f(x_1, x_2, \cdots, x_n)g(x_1, x_2, \cdots, x_n)$ 可知其中有下列三种类型的单项式:(i) f 的首项与 g 的首项的乘积,(ii) f 和 g 其中之一的首项与另一个的其他一般项的乘积,以及(iii) f 的其他一般项与 g 的其他一般项的乘积.

我们先来确定(i)与(iii)中任一单项式的次序. 为此分别得出项(10)与项(13)之积,以及项(11)与项(14)之积:

$$t_{k_1, k_2, \cdots, k_n} s_{l_1, l_2, \cdots, l_n} x_1^{k_1+l_1} x_2^{k_2+l_2} \cdots x_n^{k_n+l_n}, \tag{16}$$

$$t'_{k'_1, k'_2, \cdots, k'_n} s'_{l'_1, l'_2, \cdots, l'_n} x_1^{k'_1+l'_1} x_2^{k'_2+l'_2} \cdots x_n^{k'_n+l'_n}. \tag{17}$$

对于上述指标 i 和 j,不失一般性可假定 $i \leqslant j$, 于是从(12)和(15),有

$$k_1 + l_2 = k'_1 + l'_1,\ k_2 + l_2 = k'_2 + l'_2,\ \cdots,\ k_{i-1} + l_{i-1} = k'_{i-1} + l'_{i-1},$$
$$k_i + l_i > k'_i + l'_i. \tag{18}$$

因此,项(16)高于项(17)——(iii)型的单项式. 相似地,也能证明项(17)高于任一(ii)型的单项式. 这样,我们就得出了:

定理 1　域上 n 元多项式 $f(x_1, x_2, \cdots, x_n)$与 $g(x_1, x_2, \cdots, x_n)$乘积的首项等于 $f(x_1, x_2, \cdots, x_n)$的首项与 $g(x_1, x_2, \cdots, x_n)$的首项的乘积.

例 3　设 $f(x_1, x_2, x_3) = x_1^2x_2 + x_1x_2 + 2x_2^4 + 3x_3^2$, $g(x_1, x_2, \cdots, x_n) = 3x_1^2x_2^3x_3 + x_1^4 + 2x_2$, 利用多项式乘法的分配律可得出 $f(x_1, x_2, x_3)g(x_1, x_2, x_3)$的首项为 $x_1^2x_2 \cdot x_1^4 = x_1^6x_2$.

证明对称多项式基本定理中 $g(x_1, x_2, \cdots, x_n)$ 唯一性时所需要的一个重要引理

首先,对于对称多项式 $f(x_1, x_2, \cdots, x_n)$由(1)有 $f(x_1, x_2, \cdots, x_n) = g(\sigma_1, \sigma_2, \cdots, \sigma_n)$. 这里 $g(x_1, x_2, \cdots, x_n)$是 F 上的一个多项式. 反过来,对于 $\sigma_1, \sigma_2, \cdots, \sigma_n$ 的任意一个多项式 $h(\sigma_1, \sigma_2, \cdots, \sigma_n)$,利用(2)则可得它表示为 $x_1, x_2, \cdots, x_n$ 的一个多项式.

为了最终证明多项式基本定理中的唯一性,我们先证下列引理.

引理　设 $P(x_1, x_2, \cdots, x_n) = \sum\limits_{i_1, i_2, \cdots, i_n} a_{i_1, i_2, \cdots, i_n} x_1^{i_1} x_2^{i_2} \cdots x_n^{i_n}$ 是域 F 上的一个 n 元多项式, 而且由此构造的 $P(\sigma_1, \sigma_2, \cdots, \sigma_n) = \sum\limits_{i_1, i_2, \cdots, i_n} a_{i_1, i_2, \cdots, i_n} \sigma_1^{i_1} \sigma_2^{i_2} \cdots \sigma_n^{i_n}$ 是一个 $x_1, x_2, \cdots, x_n$ 的 0 多项式,那么其中的一切系数

$$a_{i_1, i_2, \cdots, i_n} = 0, \tag{19}$$

也即原来的多项式 $P(x_1, x_2, \cdots, x_n)$ 也是一个 0 多项式.

引理的证明

(i) 我们用反证法来证明这一引理. 为此假设 $P(x_1, x_2, \cdots, x_n)$ 中的 $a_{k_1, k_2, \cdots, k_n} \neq 0$, 而考虑 $P(\sigma_1, \sigma_2, \cdots, \sigma_n)$ 中的相应项

$$a_{k_1, k_2, \cdots, k_n} \sigma_1^{k_1} \sigma_2^{k_2} \cdots \sigma_n^{k_n}. \tag{20}$$

根据上述,由(2)我们可以把它表示为 $x_1, x_2, \cdots, x_n$ 的一个多项式,而且由定理 1 可知,这个多项式的首项为

$$\begin{aligned} & a_{k_1, k_2, \cdots, k_n} x_1^{k_1} (x_1 x_2)^{k_2} \cdots (x_1 x_2 \cdots x_{n-1})^{k_{n-1}} (x_1 x_2 \cdots x_n)^{k_n} \\ = & a_{k_1, k_2, \cdots, k_n} x_1^{k_1+k_2+\cdots+k_n} x_2^{k_2+k_3+\cdots+k_n} \cdots x_{n-1}^{k_{n-1}+k_n} x_n^{k_n}. \end{aligned} \tag{21}$$

(ii) 设

$$b_{l_1, l_2, \cdots, l_n} \sigma_1^{l_1} \sigma_2^{l_2} \cdots \sigma_n^{l_n}, \ (l_1, l_2, \cdots, l_n) \neq (k_1, k_2, \cdots, k_n) \tag{22}$$

是 $P(\sigma_1, \sigma_2, \cdots, \sigma_n)$ 中另一单项式,那么它的首项应为

$$b_{l_1, l_2, \cdots, l_n} x_1^{l_1+l_2+\cdots+l_n} x_2^{l_2+l_3+\cdots+l_n} \cdots x_{n-1}^{l_{n-1}+l_n} x_n^{l_n}. \tag{23}$$

(20)与(22)作为 $\sigma_1, \sigma_2, \cdots, \sigma_n$ 的单项式是不同类的,同时它们的首项(21)与(23)作为 $x_1, x_2, \cdots, x_n$ 的单项式也不是同类的. 这是因为如果它们是同类的,则从(21)和(23)可得出

$$\begin{aligned} & k_n = l_n, \\ & k_{n-1} + k_n = l_{n-1} + l_n, \\ & \cdots\cdots \\ & k_1 + k_2 + \cdots + k_n = l_1 + l_2 + \cdots + l_n. \end{aligned} \tag{24}$$

于是就有 $k_i = l_i$, $i = 1, 2, \cdots, n$. 这就与 $(l_1, l_2, \cdots, l_n) \neq (k_1, k_2, \cdots, k_n)$ 矛盾了.

这样我们就证得了: $P(\sigma_1, \sigma_2, \cdots, \sigma_n)$ 中的两个单项式,按上述得出的两个 $x_1, x_2, \cdots, x_n$ 的多项式,它们的首项是不同类的.

(iii) 我们回到引理的反证法证明上来. 我们假定了 $P(x_1, x_2, \cdots, x_n)$ 中的 $a_{k_1, k_2, \cdots, k_n} \neq 0$, 现在来看看这与引理中 $P(\sigma_1, \sigma_2, \cdots, \sigma_n)$ 是 $x_1, x_2, \cdots,$

x_n 的一个0多项式这一条件会不会有矛盾.

$a_{k_1, k_2, \cdots, k_n} \neq 0$,那么在 $P(\sigma_1, \sigma_2, \cdots, \sigma_n)$中就有 $a_{k_1, k_2, \cdots, k_n}\sigma_1^{k_1}\sigma_2^{k_2}\cdots\sigma_n^{k_n}$ 这一项. 然而 $P(\sigma_1, \sigma_2, \cdots, \sigma_n)$是 $x_1, x_2, \cdots, x_n$ 的一个0多项式,因此其中的各项,在转化为 $x_1, x_2, \cdots, x_n$ 后必须要相互抵销,不过这是不可能的.

这是因为若 $P(x_1, x_2, \cdots, x_n)$不是 $x_1, x_2, \cdots, x_n$ 的0多项式,那么其中每一个系数不为0的单项式,如 $a_{k_1, k_2, \cdots, k_n}x_1^{k_1}x_2^{k_2}\cdots x_n^{k_n}$,都给出 $P(\sigma_1, \sigma_2, \cdots, \sigma_n)$中的单项式,如 $a_{k_1, k_2, \cdots, k_n}\sigma_1^{k_1}\sigma_2^{k_2}\cdots\sigma_n^{k_n}$. 按前述,在这些单项式再按(2)换化为 $x_1, x_2, \cdots, x_n$ 而给出的各多项式之中,它们的首项都是不同类的,所以它们不能相互抵销. 针对这些首项就有一个不为0的次序最高的项,这就与 $P(\sigma_1, \sigma_2, \cdots, \sigma_n)$是0多项式的条件矛盾了. 引理得证.

对称多项式基本定理中多项式 $g(x_1, x_2, \cdots, x_n)$唯一性的证明

根据(1)与(3),我们有

$$\begin{aligned} f(x_1, x_2, \cdots, x_n) &= g(\sigma_1, \sigma_2, \cdots, \sigma_n) \\ &= h(\sigma_1, \sigma_2, \cdots, \sigma_n), \end{aligned} \tag{25}$$

由此构造

$$p(x_1, x_2, \cdots, x_n) = g(x_1, x_2, \cdots, x_n) - h(x_1, x_2, \cdots, x_n), \tag{26}$$

而有

$$p(\sigma_1, \sigma_2, \cdots, \sigma_n) = g(\sigma_1, \sigma_2, \cdots, \sigma_n) - h(\sigma_1, \sigma_2, \cdots, \sigma_n). \tag{27}$$

于是从(25)可知

$$p(\sigma_1, \sigma_2, \cdots, \sigma_n) = f(x_1, x_2, \cdots, x_n) - f(x_1, x_2, \cdots, x_n) \tag{28}$$

是 $x_1, x_2, \cdots, x_n$ 的0多项式. 因此,由引理可知 $p(x_1, x_2, \cdots, x_n)$是 $x_1, x_2, \cdots, x_n$ 的0多项式. 最后就由(26)得出

$$g(x_1, x_2, \cdots, x_n) = h(x_1, x_2, \cdots, x_n). \tag{29}$$

$g(x_1, x_2, \cdots, x_n)$的唯一性证毕.

附录 6

线性方程组求解简述

先从二元一次方程组

$$\begin{aligned}&a_1x+b_1y=c_1,\\&a_2x+b_2y=c_2,\\&a_i,\ b_i,\ c_i\in F,\ i=1,\ 2\end{aligned}\tag{1}$$

谈起. 此时我们会遇到下列三种情况：

(i) $c_1=c_2=0$. 我们称(1) 为齐次的. 此时(1) 至少有 $x=0$, $y=0$ 这一个解,称为零解.

从几何来看,此时(1)表示了两条都经过原点(0, 0)的直线. 如果此时还有

$$\frac{a_1}{a_2}=\frac{b_1}{b_2},\tag{2}$$

那么此时这两条线就重合了,就是一条线. 一个方程而有两个未知元这就有无限多个解.

(ii) 若(1)的系数行列式 $\begin{vmatrix}a_1 & b_1\\ a_2 & b_2\end{vmatrix}=a_1b_2-a_2b_1\neq 0$,也即 $a_1b_2\neq a_2b_1$ 时,利用高斯消去法,我们能得到(1)的下列唯一解

$$x=\frac{\begin{vmatrix}c_1 & b_1\\ c_2 & b_2\end{vmatrix}}{\begin{vmatrix}a_1 & b_1\\ a_2 & b_2\end{vmatrix}},\ y=\frac{\begin{vmatrix}a_1 & c_1\\ a_2 & c_2\end{vmatrix}}{\begin{vmatrix}a_1 & b_1\\ a_2 & b_2\end{vmatrix}}.\tag{3}$$

(3)的结果称为克莱姆法则. 从几何上来看,此时(1)所表示的两条直线有一个唯一的交点.

(iii) 若行列式 $\begin{vmatrix}a_1 & b_1\\ a_2 & b_2\end{vmatrix}=0$,此时令 $a_1=\mathrm{d}a_2$,则有 $b_1=\mathrm{d}b_2$. 此时如果 $c_1=$

dc_2，(1)中两个方程即是一个方程. 如上述，此时(1)有无限多个解；如果$c_1 \neq dc_2$，(1)中的两个方程矛盾，因此无解. 在几何上，这表示(1)中的两条直线平行，它们无交点.

一般地，n个未知元m个方程的线性方程组为

$$\begin{aligned} &a_{11}x_1 + a_{12}x_2 + \cdots + a_{1n}x_n = b_1, \\ &a_{21}x_1 + a_{22}x_2 + \cdots + a_{2n}x_n = b_2, \\ &\cdots\cdots \\ &a_{m1}x_1 + a_{m2}x_2 + \cdots + a_{mn}x_n = b_m, \\ &a_{ij},\ b_i \in F, \\ &i = 1,\ 2,\ \cdots,\ m, \\ &j = 1,\ 2,\ \cdots,\ n. \end{aligned} \tag{4}$$

类似地，有下列情况：

(i) $b_1 = b_2 = \cdots = b_m = 0$，即(4)为齐次线性方程组，它至少有$x_1 = x_2 = \cdots = x_n = 0$这一零解.

(ii) $b_1,\ b_2,\ \cdots,\ b_m$不全为零时，(4)为非齐次线性方程组. 类似于二元一次方程组(1)，此时也会有无解，唯一解，以及无限多个解的三种情况(参见[7]). 下面就正文中遇到的两种情况讨论如下.

情况一.

$m = n$，且线性方程组(4)的系数行列式$|a_{ij}| \neq 0$，这时有一般的克莱姆法则，即

$$x_1 = \frac{\begin{vmatrix} b_1 & a_{12} & & a_{1n} \\ b_2 & a_{22} & \cdots & a_{2n} \\ \vdots & \vdots & & \vdots \\ b_n & a_{n2} & & a_{nn} \end{vmatrix}}{|a_{ij}|},\ x_2 = \frac{\begin{vmatrix} a_{11} & b_1 & & a_{1n} \\ a_{21} & b_2 & \cdots & a_{2n} \\ \vdots & \vdots & & \vdots \\ a_{n1} & b_n & & a_{nn} \end{vmatrix}}{|a_{ij}|},\cdots,$$

$$x_n = \frac{\begin{vmatrix} a_{11} & a_{12} & & b_1 \\ a_{21} & a_{22} & \cdots & b_2 \\ \vdots & \vdots & & \vdots \\ a_{n1} & a_{n2} & & b_n \end{vmatrix}}{|a_{ij}|}. \tag{5}$$

作为一个特殊情况，若此时 $b_1=b_2=\cdots=b_n=0$，则线性方程组(4)有唯一零解：$x_1=x_2=\cdots=x_n=0$.

情况二. 线性方程组(4)是齐次线性方程，即 $b_1=b_2=\cdots=b_m=0$.

此时 $x_1=x_2=\cdots=x_n=0$ 是线性方程组(4) 的零解. 下面说明线性方程组(4) 有非零解的情形.

首先，若把线性方程组(4) 在 $b_1=b_2=\cdots=b_m=0$ 时的两个解

$$x_1=c_1^{(i)},\ x_2=c_2^{(i)},\ \cdots,\ x_n=c_n^{(i)},\ i=1,\ 2$$

记成 $\eta^i=(c_1^{(i)},\ c_2^{(i)},\ \cdots,\ c_n^{(i)})(i=1,\ 2)$，则容易证明，对任意 $k_1,\ k_2\in F$，$k_1\eta^1+k_2\eta^2=(k_1c_1^{(1)}+k_2c_1^{(2)},\ k_1c_2^{(1)}+k_2c_2^{(2)},\ \cdots,\ k_1c_n^{(1)}+k_2c_n^{(2)})$ 也是一个解.

接下来，我们假设 $m=n$，且 $|a_{ij}|=0$. 如果在线性方程组(4)的系数行列式中能找到的最大不为零的子行列式为 $r\times r$ 的行列式(r 一定小于 n)，那么只要适当地改变方程的次序，以及未知元的编号，并且去除多余的方程，总可以把原方程组改变为下列同解的方程组

$$\begin{aligned}&a_{11}x_1+a_{12}x_2+\cdots+a_{1r}x_r=-a_{1,\,r+1}x_{r+1}-\cdots-a_{1n}x_n,\\&a_{21}x_1+a_{22}x_2+\cdots+a_{2r}x_r=-a_{2,\,r+1}x_{r+1}-\cdots-a_{2n}x_n,\\&\cdots\cdots\\&a_{r1}x_1+a_{r2}x_2+\cdots+a_{rr}x_r=-a_{r1,\,r+1}x_{r+1}-\cdots-a_{rn}x_n,\end{aligned}\tag{6}$$

其中

$$\begin{vmatrix}a_{11}&\cdots&a_{1r}\\\vdots&&\\a_{r1}&\cdots&a_{rr}\end{vmatrix}\neq 0.\tag{7}$$

由此，我们让(6)右边的 $n-r$ 个未知量 $x_{r+1},\ x_{r+2},\ \cdots,\ x_n$ 分别取定

$$\begin{aligned}&x_{r+1}=1,\ x_{r+2}=0,\ \cdots,\ x_n=0,\\&x_{r+1}=0,\ x_{r+2}=1,\ \cdots,\ x_n=0,\\&\cdots\cdots\\&x_{r+1}=0,\ x_{r+2}=0,\ \cdots,\ x_n=1.\end{aligned}\tag{8}$$

再应用克莱姆法则，就可得出 $x_1,\ x_2,\ \cdots,\ x_r$ 的解：

$$
\begin{aligned}
&x_1^1,\ x_2^1,\ \cdots,\ x_r^1,\\
&x_1^2,\ x_2^2,\ \cdots,\ x_r^2,\\
&\cdots\cdots\\
&x_1^{n-r},\ x_2^{n-r},\ \cdots,\ x_r^{n-r}.
\end{aligned}
\tag{9}
$$

因此原线性方程组有以下“特解”：

$$
\begin{aligned}
\eta^1 &= (x_1^1,\ x_2^1,\ \cdots,\ x_r^1,\ 1,\ 0,\ \cdots,\ 0),\\
\eta^2 &= (x_1^2,\ x_2^2,\ \cdots,\ x_r^2,\ 0,\ 1,\ \cdots,\ 0),\\
&\cdots\cdots\\
\eta^{n-r} &= (x_1^{n-r},\ x_2^{n-r},\ \cdots,\ x_r^{n-r},\ 0,\ 0,\ \cdots,\ 1).
\end{aligned}
\tag{10}
$$

而原线性方程组的“通解”就是

$$
k_1\eta^1 + k_2\eta^2 + \cdots + k_{n-r}\eta^{n-r},
\tag{11}
$$

其中 $k_i \in F$，$i = 1, 2, \cdots, n-r$.

参 考 文 献

[1] 夏道行. π和e[M]. 上海：上海教育出版社，1964.

[2] 宁挺. 说e[M]. 福州：福建教育出版社，1985.

[3] 李大潜. 漫话e[M]. 北京：高等教育出版社，2012.

[4] 熊斌，冯志刚. 奥数教程，第五版. 高一年级[M]. 上海：华东师范大学出版社，2010.

[5] 何柏庆，王晓华. 高等数学(物理类)上，下册[M]. 北京：科学出版社，2007.

[6] 余家荣. 复变函数(第五版)[M]. 北京：高等教育出版社，2014.

[7] 王侃民，等. 线性代数(第二版)[M]. 上海：同济大学出版社，2014.

[8] 张禾瑞，郝鈵新. 高等代数[M]. 北京：高等教育出版社，2007.

[9] 刘长安，王春森. 伽罗华理论基础[M]. 北京：电子工业出版社，1989.

[10] 徐诚浩. 古典数学难题与伽罗瓦理论[M]. 哈尔滨：哈尔滨工业大学出版社，2012.

[11] 南基洙. 域和Galois理论[M]. 北京：科学出版社，2009.

[12] 潘承洞，潘承彪. 代数数论[M]. 济南：山东大学出版社，2005.

[13] 于秀源. 超越数论基础[M]. 哈尔滨：哈尔滨工业大学出版社，2014.

[14] 冯承天，余扬政. 物理中的几何方法[M]. 哈尔滨：哈尔滨工业大学出版社，2018.

[15] 冯承天. 从一元一次方程到伽罗瓦理论[M]. 上海：华东师范大学出版社，2012.

[16] 冯承天. 从求解多项式方程到阿贝尔不可能性定理，细说五次方程无求根公式[M]. 上海：华东师范大学出版社，2014.

[17] 哈维尔J. 不可思议？有悖直觉的问题及其令人惊叹的解答[M]. 涂泓，译，冯承天，译校. 上海：上海科技教育出版社，2012.

[18] 波萨门蒂A S. 数学奇观：让数学之美带给你灵感与启发[M]. 涂泓，译，冯承天，译校. 上海：上海科技教育出版社，2016.

[19] 德里H. 100个著名初等数学问题——历史和解[M]. 罗保华等，译. 上海：上海科学技术出版社，1982.

[20] 休森S F. 数学桥——对高等数学的一次观赏之旅[M]. 邹建成等，译. 上海：上海科技教育出版社，2010.

[21] 高尔斯T. 普林斯顿数学指南[M]. 齐民友，译. 北京：科学出版社，2014.

[22] 西格尔C L. 超越数[M]. 魏道政，译. 哈尔滨：哈尔滨工业大学出版社，2014.

[23] 亚历山大洛夫A D等，数学：它的内容、方法和意义[M]. 孙小礼等，译. 北京：科

学出版社，2012.
[24] Körner T W. 计数之乐[M]. 涂泓，译，冯承天，译校. 北京：高等教育出版社，2017.
[25] Adamson I T. Introduction to Field Theory [M]. Dover Publications, 1982.
[26] Birkhoff G and MacLane S. A Survey of Modern Algebra [M]. The Macmillan Co., 1953.
[27] Clark A. Elements of Abstract Algebra [M]. Wadsworth, 1971.
[28] Durbin J R. Modern Algebra, An Introduction [M]. John Wiley & Sons, Inc., 1992.
[29] Garrity T A. All the Mathematies you Missed [M]. Cambridge University Press, 2002.
[30] Jacobs K. Invitation to Mathematics [M]. Princeton University Press. 1992.
[31] Jignol J.-P Galois Theory of Algebraic Equations [M]. Wiley, 1988.
[32] Kraeft U. From Algebraic to Transcendental Numbers [M]. Shaker Verlag, 2007.
[33] Lang S. Algebra [M]. Addison-Wesley Publishing Co. 1993.
[34] Murty M R. and Rath P. Transcendental Numbers [M]. Springer, New York, 2014.
[35] Newman S C. A Classical Introduction to Galois Theory [M]. Wiley, 2012.
[36] Pollark H. The Theory of Algebric Numbers [M]. John Wiley & Sons, Inc., 1950.
[37] Posamentier A S and Lehmann I. The Fabulous Fibonacci Numbers [M]. Prometheus Books, 2007.
[38] Postnikov M M. Foundation of Galois Theory [M]. Dover Publictions, 2004.
[39] Stewart I. Galois Theory [M]. Chapaman & Hall/CRC, 1998.
[40] Vakil R. A Mathematical Mosaic, Pattens & Problem Solving [M]. Brendan Kelley Pallishing Inc., 1996.